算法勝負！「江戸の数学」に挑戦

どこまで解ける？「算額」28題

山根誠司　著

装幀／芦澤泰偉・児崎雅淑
カバーイラスト／遠藤拓人
もくじ・本文デザイン／土方芳枝
図版／さくら工芸社

はじめに

算額とは何か

みなさんは，算額というものをご存知だろうか。

主に江戸時代に，神社仏閣に奉納された数学の絵馬のことである。現在でも，日本の神社には小型の絵馬がかかっているが，江戸時代にはもっと大型のものに，数学の問題と答えを描いて奉納したのである。世界でも稀にみる習慣と言えるだろう。

現在神社などに掲げられている絵馬は，小型のものが多い。おおよそ縦横 10～20 cm 程度だ。

算額はもっと大型だ。平均的なもので，縦 90 cm × 横 180 cm ほど。ざっと畳 1 枚分と考えてよい。算額は，神社仏閣の軒先に掲げることが多かった。建物の高い位置に目立つように取り付けられるため，そのくらいの大きさが必要だったわけだ。

算額が掲げられた目的は，大きく分けて 4 つほどあったと考えられている。

- 問題が解けたり，数学の腕が上がったことを神仏に感謝する。
- 数学の研究発表の場として活用する。
- 自分の流派の宣伝をする。
- 慶事を記念して奉納する。

いずれにしても，数学と神仏とを結びつけ，感謝の念を表するということでは共通しているのではないだろうか。受験数学が幅を利かせている昨今，じつに清々しい気持ちにさせ

山形県・出羽三山神社に奉納された幅4メートルを超える巨大な算額

られる。江戸時代にこうした習慣があったことは、良き伝統として語り継いでいきたい。

　実際の算額の形は横長の長方形のものが多いが、正方形・五角形・縦長の長方形・扇形などのバリエーションもある。人目につくことが目的とされたため、彩色を施すなど目立つデザインを意識していたようだ。勢い図形問題が多くなったのは、算額という性質上仕方がないだろう。その代わり、図形問題には凝ったものが数多く残されている。これが和算の特徴のひとつと言える。

　これらの問題は、現在の中学・高校の数学で解けるものが多い。ただし、中にはかなり高度なテクニックを必要とする難問も残されている。お互いに競うようにして、新しい問題を作っていったため、高度になっていったのである。

　当時世界最高レベルに達していた問題も作成された。球に関する定理を用いるソディーの六球連鎖の問題や、円に関する定理を用いるシュタイナー環の問題などがその例である。そこでは、ヨーロッパの最先端の数学に数十年先駆けた問題が扱われていた。ソディーの六球連鎖に至っては、西洋数学の定理として発表されたのが20世紀半ばのことだか

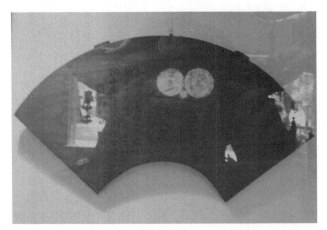

扇形の算額

ら，100年以上先駆けていたことになる。和算が世界に誇れることのひとつだ。

世 界遺産と算額

算額は身近なところに残っている。たとえば，世界遺産に登録されている神社仏閣がそうだ。

人目につくことが大切だったため，算額は有名な社寺に掲げられることが多かった。いわゆる名所・旧跡などは，掲額するのにもってこいの場所だった。現在世界遺産に指定されている有名社寺にも，算額が残っている場合がある。そのいくつかを紹介したい。

まず岩手県中尊寺から。金色堂で有名な奥州平泉の中尊寺だが，算額も奉納されており，阿弥陀堂に1面，地蔵堂に2面現存している。中尊寺にはその他にも，不動堂などに4

面が記録として残っている。

日本三景のひとつ，広島県厳島神社にも1面現存している。世界的な観光都市京都にも，清水寺に復元されたものが1面残されている。

また世界遺産ではないものの，現在でも有名な観光地に算額が残っている。日本三景の残りの2つ，天の橋立と松島近辺の社寺にあるのがそれである。天の橋立のたもとにある智恩寺文殊堂には3面が，松島近くの塩竈神社には5面現存している。

その他にも，長野の善光寺，京都の八坂神社・北野天満宮，埼玉の氷川神社，愛知の熱田神宮などの全国の名刹・古社にも，算額が残されている。

現在は失われてしまったが，東京の浅草寺・湯島天神・神田明神・富岡八幡宮・増上寺，千葉の成田山新勝寺，神奈川の鶴岡八幡宮・川崎大師，栃木県日光山，大阪の住吉大社，奈良県興福寺，香川県金刀比羅宮，福岡県太宰府天満宮などの神社仏閣に掲額の記録が残されている（中には復元されたものもある）。

算額は主に江戸時代に奉納された。ただし，その慣習は明治になっても続いた。中には昭和になってから掲げられたものも，ごく少数ながら存在する。

現在どのくらいの数の算額が存在しているのだろうか。現存している算額は，おおよそ900面である。新しく発見されたり，あるいは逸失するものもあるため，その数は微増減する。

ただし，本来はもっとたくさんの算額が作られ掲げられていたと考えられている。江戸時代から現在に至るまでの過程

で，紛失・破棄・焼失したものが多数あるからだ。とくに，太平洋戦争で焼失した算額は相当数にのぼると推定される。

それではかつてどのくらいの算額が，存在していたのだろう。正確な数字は不明だが，ある程度根拠のある数を示すことができる。江戸時代に書かれた和算書の中に，算額を書き留めたものが残っているからだ。

江戸期には，各地の算額を書き写した算額集が出された。代表的なものが，藤田貞資門下が出版した『神壁算法』(1789年)，『続神壁算法』(1807年)だ。「神壁」は，神社の壁を意味する。神社の壁に掲げられた算法，つまり算額を表している。なかなか気の利いたネーミングではないだろうか。

各地に残っている和算書に書き残された現存しない算額を集計すると，およそ1700枚となる。少なくとも記録に残っているだけで，900 + 1700 = 2600 枚の算額が，かつて日本に存在したことになる。

本書は，現存するものを含め記録に残る算額の中から興味深い28題を選び，当時の解法と対比しながら解説を加えたものである。同時に，和算家のエピソードや和算界のできごとなど，細かな情報を盛り込んだ。算額を通して，江戸時代の精神風土のようなものを感じていただけたら幸いである。

それでは，算額ワールドへようこそ。

算法勝負！「江戸の数学」に挑戦
どこまで解ける？「算額」28題 ◻目次

はじめに ……………………………………………………… 三

第一章
幾何的問題
初級編

【第一問】 鈎股弦の術（一）……………………… 十四
　算額エピソード　庶民から大名まで

【第二問】 鈎股弦の術（二）……………………… 二十二
　算額エピソード　算額の分布

【第三問】 鈎股弦の術（三）……………………… 二十七
　算額エピソード　最古の算額

【第四問】 菱形と扇形 ………………………………… 三十一
　算額エピソード　珍しい算額

【第五問】 直角三角形と正方形 ……………………… 三十六
　算額エピソード　算額論争

【第六問】 三日月形 ……… 四十二
　算額エピソード　和算の歴史

【第七問】 直角三角形と内接円 (一) ……… 五十
　算額エピソード　塵劫記の出版

【第八問】 直角三角形と内接円 (二) ……… 五十五
　算額エピソード　塵劫記と遺題継承

【第九問】 直角三角形と内接円 (三) ……… 五十九
　算額エピソード　和算と円周率

【第十問】 直角三角形と内接円 (四) ……… 六十四
　算額エピソード　和算の流派

第二章
代数的問題

【第十一問】 鶴亀算 ……… 七十六
　算額エピソード　鶴亀算の歴史

【第十二問】　俵杉算 ……………………………… 八十

　算額エピソード　ソロバンと算木

【第十三問】　互減術 ……………………………… 八十七

　算額エピソード　天元術

【第十四問】　交会術 ……………………………… 九十二

　算額エピソード　算木による一次方程式の解き方

【第十五問】　翦管術（剰一術） ………………… 九十六

　算額エピソード　算木による二次方程式の解き方

【第十六問】　天元術（八次方程式） …………… 百三

　算額エピソード　和算と将軍吉宗

【第十七問】　零約術 ……………………………… 百七

　算額エピソード　和算家と囲碁将棋

第三章
幾何的問題
腕試し編

【第十八問】 扇 ……………………………………………… 百十六

算額エピソード　算聖　関孝和

【第十九問】 おみくじ ……………………………………… 百二十一

算額エピソード　円理の追究者　建部賢弘

【第二十問】 折り鶴 ………………………………………… 百二十六

算額エピソード　鬼才　久留島喜内

【第二十一問】 円理（一） ………………………………… 百三十二

算額エピソード　藩主　有馬頼徸

【第二十二問】 円理（二） ………………………………… 百三十六

算額エピソード　反骨　会田安明

【第二十三問】 円理（三） ………………………………… 百四十三

算額エピソード　無用の用　藤田貞資

【第二十四問】 **楕円(一)** ……………………… 百四十八
　算額エピソード　遊歴算家　山口和

【第二十五問】 **楕円(二)** ……………………… 百五十三
　算額エピソード　和算家と魔方陣

【第二十六問】 **球(一)** ……………………… 百五十八
　算額エピソード　和算家と改暦

【第二十七問】 **球(二)** ……………………… 百六十三
　算額エピソード　和算の欠点

第四章
和算の到達点

【第二十八問】 **ビビアーニの穿面** ……………………… 百七十四
　算額エピソード　明治後の和算

おわりに ……………………… 百八十二
参考文献 ……………………… 百八十四

第 一 章
幾何的問題
初級編

まずは「算額の王道」，図形問題から。

中学レベルの数学で解けるものから始めて，

段階的にレベルを上げていく。

どのくらい解けるだろうか。

江戸人に挑戦してもらいたい。

【第 一 問】

鈎 股 弦 の 術（一）

今有如図直線載大中二個
其交纏容小円大円径三十六寸
中円径九寸小円径問幾何

群馬県高崎市　幸宮神社
文政七年（一八二四年）

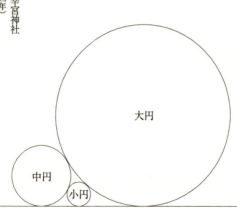

問

今図のように，直線上に大中２つの円が並んでおり，その隙間に小円が外接している。大円の直径を36寸，中円の直径を９寸とすると，小円の直径はいくらか。

ヒント 三平方の定理を使う。ただし少し捻ってある。

解答

現代の解法

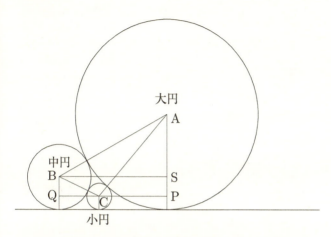

まずは、基本中の基本「三平方の定理」から。和算ではこの有名な定理を「鈎股弦の術」と呼んだ。

ちなみに、直角三角形の長辺を「股」、短辺を「鈎」、斜辺を「弦」と言う。この問題は、鈎股弦の術を使えば比較的簡単に解ける。

今大円の半径を R、中円の半径を r、小円の半径を x とおき、$R = 18$、$r = \dfrac{9}{2}$ とする。

△ACP は直角三角形なので鈎股弦の術が使える。

今 $AC = R + x$、$AP = R - x$ なので、

$$AP^2 + CP^2 = AC^2$$

よって

$$CP = \sqrt{AC^2 - AP^2}$$
$$= \sqrt{(R+x)^2 - (R-x)^2}$$

同様に，△BQC と △ABS についても鈎股弦の術を使う。

$$BC = r + x,\ BQ = r - x,\ BQ^2 + QC^2 = BC^2,$$
$$QC = \sqrt{BC^2 - BQ^2} = \sqrt{(r+x)^2 - (r-x)^2}$$
$$AB = R + r,\ AS = R - r,\ BS^2 + AS^2 = AB^2,$$
$$BS = \sqrt{AB^2 - AS^2} = \sqrt{(R+r)^2 - (R-r)^2}$$

ここで $BS = QC + CP$ なので，

$$\sqrt{(R+r)^2 - (R-r)^2} = \sqrt{(r+x)^2 - (r-x)^2}$$
$$+ \sqrt{(R+x)^2 - (R-x)^2}$$
$$\sqrt{4Rr} = \sqrt{4rx} + \sqrt{4Rx}$$
$$\sqrt{Rr} = \sqrt{rx} + \sqrt{Rx}$$
$$\sqrt{18 \cdot \frac{9}{2}} = \sqrt{\frac{9}{2}x} + \sqrt{18x}$$
$$\sqrt{2} = \sqrt{x}$$
$$x = 2$$

直径は $2x$ なので，

$2x = 4$

答え　4寸

和算による解法

和算には特有の公式があり，それを使って解いていたもの

と思われる。現在の我々からすると，意表を突かれる解法かもしれない。

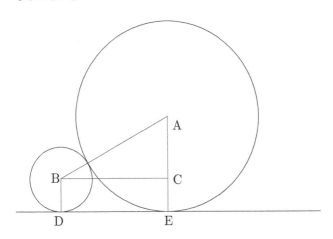

いま，大小2つの円が1つの直線と接している。大円の直径をd_1，小円の直径をd_2とする。

三平方の定理（鉤股弦の術）を使うと，次の簡単な式が得られる。

$$\left(\frac{d_1}{2}+\frac{d_2}{2}\right)^2 = BC^2 + \left(\frac{d_1}{2}-\frac{d_2}{2}\right)^2$$
$$BC = \sqrt{d_1 d_2}$$

よって

$$DE = \sqrt{d_1 d_2} \tag{1}$$

この公式(1)を繰り返し使うことにより，小円の直径を簡単に出すことができる。ちなみに，和算ではルートの計算に

は現在で言う「開平法」を用いていた。

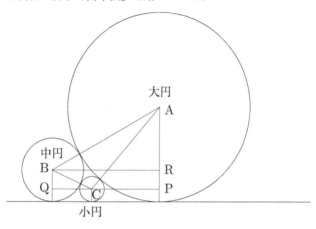

大円の直径を D, 中円の直径を d, 小円の直径を X とおき, $D=36, d=9$ とする。

公式 (1) より,

$$QP = \sqrt{Dd},\ QC = \sqrt{dX},\ CP = \sqrt{DX}$$

$QP = QC + CP$ なので

$$\sqrt{Dd} = \sqrt{dX} + \sqrt{DX}$$
$$18 = 3\sqrt{X} + 6\sqrt{X}$$
$$\sqrt{X} = 2$$
$$X = 4$$

<u>答え　4寸</u>

三平方の定理に慣れきっている現在の我々からすると, 意外な解法だろう。和算の楽しみのひとつは, こうした新たな

解法と出会い、新鮮な驚きを味わえることだ。

ここで $\sqrt{Dd} = \sqrt{dX} + \sqrt{DX}$ を式変形すると、次の公式 (2) が得られる。

$$\sqrt{X} = \frac{\sqrt{Dd}}{\sqrt{D} + \sqrt{d}} \tag{2}$$

分数とルートの表記——関の傍書法

ここで、和算による分数とルートの表記について触れておきたい。

現在、我々は当然のように分数記号（$\frac{2}{3}$ など）やルートの記号（$\sqrt{3}$ など）を使っている。

それでは江戸時代には、これらの数をどのように表記していたのだろう。ここでは、関の「傍書法」を紹介しておく。関とは、代表的な和算家、関孝和のことである。

関は数式の表記の仕方に、傍書法と呼ばれる画期的な方法を導入した。彼の発明により、和算家たちは数や式を簡潔に表すことができるようになった。

まず、足し算・引き算・掛け算・割り算の表記法を紹介しよう。当時はすでに変数の概念があり、我々の知っている x や y の代わりに、甲や乙といった文字が用いられていた。今、甲と乙2つの変数の四則演算を行うとする。

甲 + 乙	甲 − 乙	甲 × 乙	甲 ÷ 乙（または $\frac{甲}{乙}$）
|甲	|甲	|甲乙	乙|甲
|乙	\乙		

ルートの表記は

$\sqrt{甲}$

| 甲 |
| 商 |

などとしていた。

ちなみに，$\dfrac{\sqrt{5}+1}{2}$ は，

$\dfrac{\sqrt{5}+1}{2}$

	五	
	ケ	
二	商	一 和

と表記した。

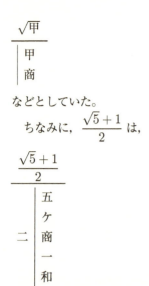

和算書『算法求積通考』（天保15年〈1844年〉）に記された数式の表記法

算　額　エ　ピ　ソ　ー　ド

庶民から大名まで

　江戸期の日本は，世界でも稀な数学文化をもっていた。和算と呼ばれるものがそれである。

　その特徴のひとつが，和算に取り組んでいた階層の幅広さだろう。上は将軍・藩主から下は農民・町人まで，広く数学に親しんでいた。

　江戸時代中期，18世紀半ばに有馬頼徸という殿様がいた。久留米藩の藩主だった人物だ。無類の算術好きとして知ら

れ，一説によると藩政よりも数学に熱中していたという。

殿様算術と侮ってはならない。和算史に残る名著を残している。『拾璣算法（しゅうきさんぽう）』全5巻がそれである。

この書物の登場によって，当時の和算界は一段のレベルアップを果たした。

農民の中からも一流の算術家が現れた。幕末の和算家，長谷川弘（ひろむ）である。長谷川は陸奥登米（とめ）の農家の出であった。本名を佐藤秋三郎といった。当時著名な和算家だった長谷川寛の養子となり，和算道場を営んだ。

日下（くさか）誠という町人の和算家もいた。実家は料亭だったという。当時隆盛を誇っていた関流の宗統の地位に，町人として初めて就いた。その門下から名だたる和算家たちが輩出している。

さらには遊歴算家という，諸国を教え歩く和算家もいた。山口和（かず）はその一人である。山口は旅日記を残しており，教え歩いた人たちの職業を綴っている。その仕事は実にバラエティーに富んでいる。上は名主，医者といったその地の名士から，百姓などの庶民まで。また，指物師，具足師，表具師などの職人，酒屋，薬屋，荒物屋，魚屋といった商売人。幅広い身分，職業の人たちが，山口の教えを乞うことになる。

江戸時代は身分制社会であったが，同時に上下を超えた交流があったことを窺わせる。筆者はここに，江戸期ならではの自由な精神の在り方をみたいと思う。算術の前では，殿様も農民も，老練な大算術家も幼子も変わりはない。そうした精神が息づいていたように思うのである。

庶民から大名まで，誰からも強制されることなく上下等しく，数学に親しんでいたのが江戸時代だったのである。

【第二問】

鈎股弦の術（二）

仮令有如図方内容三円
只云中円径一十寸問小円径幾何

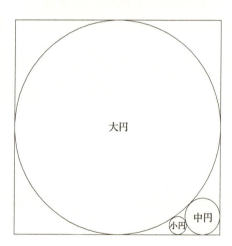

埼玉県さいたま市　氷川神社
嘉永五年（一八五二年）

問

図のように正方形の内部に，3つの円が互いに接している。中円の直径を10寸とすると，小円の直径はいくらか。

ヒント 正方形の性質をうまく使ってみよう。

第一章 幾何的問題　初級編

解答

和算による解法

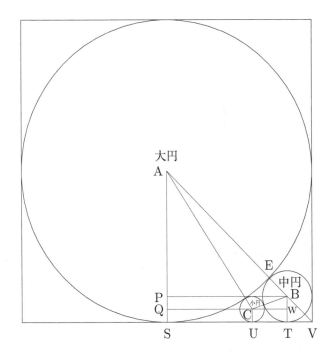

　第一問のちょっとした応用問題である。もちろん，三平方の定理（鉤股弦の術）を用いてもよいが，せっかくなので第一問で取り上げた公式 (1) を活用してみよう。正方形の性質をうまく使ってほしい。今，大円の直径を D，中円の直径を d，小円の直径を x とおき，$d = 10$ とする。

　まず，x を出す前に，大円の半径を求めておこう。大円の

半径を R,中円の半径を $r=5$ とする。△ASV,△APB は直角二等辺三角形なので,

$$AV = \sqrt{2}R, BV = \sqrt{2}r$$

また,$AV = AE + EB + BV$ なので,

$$\sqrt{2}R = R + r + \sqrt{2}r$$
$$\sqrt{2}R = R + 5 + \sqrt{2}\cdot 5$$
$$R = \frac{5(\sqrt{2}+1)}{(\sqrt{2}-1)}$$
$$R = 5(\sqrt{2}+1)^2$$

よって

$$\sqrt{R} = \sqrt{5}(\sqrt{2}+1)$$

第一問の公式 (1) より,

$$ST = \sqrt{Dd},\ SU = \sqrt{Dx},\ UT = \sqrt{dx}$$

$ST = SU + UT$ より

$$\sqrt{Dd} = \sqrt{Dx} + \sqrt{dx}$$

ここで $D = 2R$ より

$$\sqrt{D} = \sqrt{2}\sqrt{5}(\sqrt{2}+1)$$
$$\sqrt{D} = \sqrt{10}(\sqrt{2}+1)$$

よって

$$\sqrt{10}(\sqrt{2}+1)\sqrt{10} = (\sqrt{2}+1)\sqrt{10}\sqrt{x} + \sqrt{10}\sqrt{x}$$

$$\sqrt{x} = \sqrt{5}$$
$$x = 5$$

答え　5寸

算額エピソード
算額の分布

算額の分布には偏りがある。大ざっぱに言って，その偏り具合は「東高西低」といえる。

現存している算額でいえば，なんといっても福島県が多い。その数は111面にのぼる。以下，岩手97面，埼玉87面，群馬77面，長野54面と続く。東北および北関東に数多く残っている。

　　1位　福島県　111面
　　2位　岩手県　　97面
　　3位　埼玉県　　87面
　　4位　群馬県　　77面
　　5位　長野県　　54面

これに，失われた算額を加えて集計すると，別のランキングになる（復元複製除く）。

　　1位　東京都　385面
　　2位　福島県　264面
　　3位　岩手県　184面
　　4位　群馬県　166面
　　5位　埼玉県　149面

ここで，東京都が断トツの1位に躍り出る。江戸が算額

の一大中心地だったことがわかる。江戸には当時の知識階級だった武士が多く住み、算術を教える場も多かった。また、神社仏閣も密集しており、掲額する場所に事欠かなかったことも影響しているかもしれない。とくに愛宕山は、算額の名所として知られていた。

　現在、東京都内に残っている算額は、わずか16面である。じつに369面の算額が失われたことになる。現存率わずか4.2%である。失われた原因はさまざまに考えられるが、戦災の影響が大きかったであろうことは想像に難くない。

【第三問】

鈎股弦の術（三）

勾股内図如大中小三円容有
大径一十八寸中径一十六寸小径九寸勾何程問

岩手県奥州市　玉崎神社
弘化五年（一八四八年）

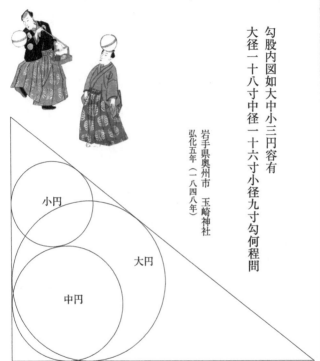

問

図のように，直角三角形の中に大中小3つの円が接している。大円の直径が18寸，中円の直径が16寸，小円直径が9寸のとき，直角三角形の短辺の長さはいくらか。

ヒント　第一問の公式（1）を活用して。

解答

和算による解法

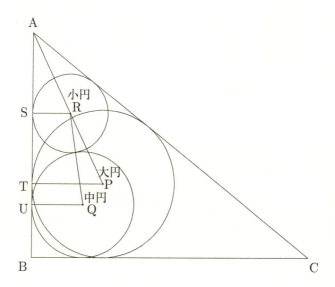

第一問で使った公式 (1) を用いると，鮮やかに解くことができる．今，大円の直径を $D_1 = 18$，中円の直径を $D_2 = 16$，小円の直径を $D_3 = 9$ とする．公式 (1) より，

$$SU = \sqrt{D_3 D_2} = \sqrt{9 \cdot 16} = 12$$

また，$\triangle ARS \backsim \triangle APT$ より，

$$AS : AT = RS : PT = \frac{9}{2} : 9 = 1 : 2$$

よって，

$AT = 2AS$

以上より，

$AB = AS + SU + UB = AS + 12 + 8 = AS + 20$
$AB = AT + TB = 2AS + 9$

よって，

$AS + 20 = 2AS + 9$
$AS = 11$
$AB = 11 + 20 = 31$

答え　31寸

現代なら，三平方の定理を繰り返し使って解くのだろうが，公式 (1) と三角形の相似だけで解いてしまうのが面白い。

算 額 エ ピ ソ ー ド

最古の算額

算額という習慣は，いつ頃から始まったのだろうか。書物による記録としては，寛文 13 年（1673 年）に出された『算法勿憚改』という和算書に，算額についての記述がある。

> 時のはやり事にや物而愛かしこの神社に算法を記掛侍る事多し
> 絵馬のごとくならば，諸願成就の文有るべし
> さなきときは，勘知自讃か，いかなるゆへぞ，はかりが

たし
（近頃の流行と言うものだろうか，神社に算額を掲げることが流行っている。絵馬であれば，諸願成就の文がついているはずだ。それがないということは，自慢なのだろうか。どういう理由かよくわからない）

少なくともこの頃までに，算額の習慣が確立していたと考えてよいだろう。

現存する最も古い算額は，栃木県佐野市星宮神社に奉納されている天和3年（1683年）の算額だ。第五代将軍，徳川綱吉の時代である。

その後，算額は時代が下るとともに増え続ける。最盛期は1800年代に入ってから幕末までの約60年間である。文化・文政から天保を経て安政までの時代だ。この頃になると，全国各地で毎年20面以上の算額が新たに奉納され続けた。算額の黄金時代と言っていいだろう。

明治に入ってからも，算額は掲げられた。ただし，最盛期と比べればその衰えは顕著となる。言うまでもなく，背景には西洋数学の導入がある。

意外にも思えるが，いくつかの県では明治後になっても盛んに算額が掲げられた。中には，明治以降のほうが多い県も存在する。算額王国福島県だが，じつはその6割以上が明治になってからのものである。言い換えれば，明治以降，福島が和算の栄光を伝え続けていたということにもなる。

[第 四 問]

菱形と扇形

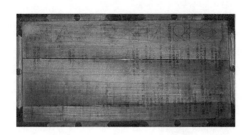

今有如図菱内隔
両弧容二円
只云菱長四寸
平三寸
菱平為弧全径
問要円径幾何

群馬県高崎市　榛名神社
文化八年（一八一一年）

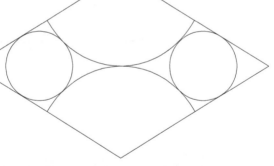

問

図のように，菱形の内部に2つの円を描き，それらに接するように2つの円弧がある。菱形の長軸を4寸，短軸を3寸とする。短軸の長さを，弧を作る円の直径とすると，内接している円の直径はいくらか。

ヒント 三角形の相似を活用して2次方程式に持ち込む。

解答

現代の解法・和算による解法

　算額では，円や正方形，正三角形以外にも様々な図形の問題が作られた。もともと算額には，公共の場で公開するという性格があるため，人目に付くようなデザインが凝らされた。そのため，見た目に美しい図形問題が掲額された。美術的・工芸的に優れたものも多い。

　本書でも，円や長方形，直角三角形以外の珍しい図案，デザイン的に美しいものを多数取り上げる。まずは，菱形と扇形を組み合わせた問題から。

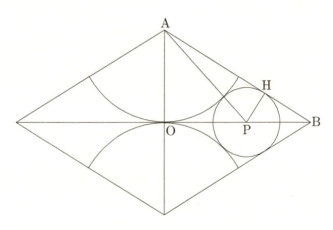

　菱形の横の対角線の長さの半分を $a=2$，縦の対角線の長さの半分を $b=\dfrac{3}{2}$ とおく。扇形の半径を R，求める円の半径を r とする。

　まず，扇形の半径と縦の対角線の長さの半分は等しいので，

$$R = b = \frac{3}{2}$$

△AOP は直角三角形なので，三平方の定理（鉤股弦の術）より，

$$OP = \sqrt{(R+r)^2 - R^2} = \sqrt{r^2 + 3r}$$

△AOB も直角三角形なので，

$$AB = \sqrt{AO^2 + OB^2} = \sqrt{\left(\frac{3}{2}\right)^2 + 2^2} = \frac{5}{2}$$

次に △AOB と △PHB について，2つの三角形は直角三角形で ∠B が共通なので，

△AOB ∽ △PHB

よって，

$$AO : PH = AB : PB$$

$$AO \cdot PB = PH \cdot AB$$

$$PB = \frac{PH \cdot AB}{AO} = \frac{\frac{5}{2}r}{\frac{3}{2}} = \frac{5}{3}r$$

$OB = OP + PB$ より，

$$2 = \sqrt{r^2 + 3r} + \frac{5}{3}r$$

$$2 - \frac{5}{3}r = \sqrt{r^2 + 3r}$$

$$\left(2 - \frac{5}{3}r\right)^2 = r^2 + 3r$$

$$16r^2 - 87r + 36 = 0$$

$$r = \frac{87 \pm 9\sqrt{65}}{32}$$

ここで + をとると，明らかに値が大きくなりすぎるので，

$$r = \frac{87 - 9\sqrt{65}}{32}$$

$$2r = \frac{87 - 9\sqrt{65}}{16}$$

$$= 0.90248\cdots\cdots$$

<u>答え　0.90248 寸と少し</u>

ちなみに，0.90248……は，和算では「九分零厘二毛四糸八忽有奇」と表記した。

算額エピソード
珍しい算額

ここでは，珍しい算額をいくつか紹介したい。

まず，材料の珍しいものから。通常算額は木の板で作られており，周囲を額縁状に加工してあるものが多い。だが，中には，ごく少数ではあるが，石に刻まれたものも存在している。この場合，「算額」ならぬ「算石」と呼んだ方がよいのかもしれない。

岩手県一関市にある神明社(しんめいしゃ)には，石に刻まれた和算の問題がある。もとは天保期に作られた問題を，昭和時代に復元したものである。他にも，正式な算額ではないが，墓石や庚

申塚に刻まれた問題もある。

　次に，紙で作られたもの。岩手県木宮神社に奉納された算額は，紙で作られている。

　形の珍しい算額もある。東京都渋谷区にある金王八幡宮の算額は，扇形をしている。和のテイスト溢れる算額だ。

　立地に特色のある算額が，避暑地で有名な軽井沢近くにある。ここの算額は群馬と長野の二県にまたがっている。県境にあるのが，熊野皇大神社（熊野神社）である。

　この神社の敷地は二県と地続きになっているためか，群馬・長野それぞれに別の算額が奉納されている。長野の算額のほうが古く，安政4年（1857年）に，群馬のものは明治5年（1872年）に掲額されている。

　面白いのは，まったく同じ問題が含まれていることだ。長野側の答えの間違いを，群馬側が訂正している。その意図は不明だが，多少の意地の張り合いが見て取れなくもない。

【第五問】
直角三角形と正方形

今有鈎股如図容大中小方及甲乙丙円
只云甲円径九寸丙円径四寸
問乙円径幾何

岩手県大船渡市　五葉神社
文政五年（一八二二年）

問

今図のように直角三角形の内部に，大中小の正方形と甲乙丙の円が接している。甲円の直径が9寸，丙円の直径が4寸のとき，乙円の直径はいくらか。

ヒント　相似形を使うと鮮やかに解ける。

第一章 幾何的問題　初級編

解答

現代の解法

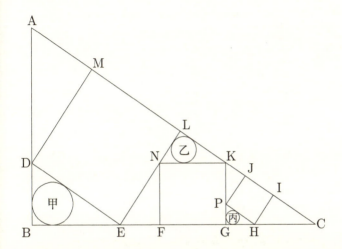

　直角三角形と正方形と円を組み合わせた美しい図形だが，一見どこから手を付けてよいか，わからない問題だ。

　内接している正方形のひとつの角はすべて 90° であることに注目してみよう。すると，図の中の直角三角形はすべて相似であることに気づく。ただし，闇雲に変数を持ち込んでもいたずらに複雑になるだけだ。効率よく計算を行う必要がある。

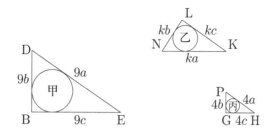

　図のように，直角三角形の辺の長さを決める。3つの直角三角形はすべて相似で，甲円・丙円の直径が9寸，4寸であることを用いた。また，乙円が内接している三角形の辺の長さはそれぞれ k 倍してある。これらの三角形の辺の長さを用いて，大，中の正方形の一辺の長さを求める。

$$EN = \frac{a}{c}FN = \frac{ka^2}{c}$$

$$EL = EN + NL = \frac{ka^2}{c} + kb = \frac{k(a^2 + bc)}{c}$$

$$KP = \frac{a}{c}JP = \frac{4a^2}{c}$$

$$KG = KP + PG = \frac{4a^2}{c} + 4b = \frac{4(a^2 + bc)}{c}$$

ここで，$EL = DE$, $KG = NK$ より

$$\frac{k(a^2 + bc)}{c} = 9a$$

$$\frac{4(a^2 + bc)}{c} = ka$$

2式の辺々を割って，

$$\frac{k}{4} = \frac{9}{k}$$

第一章 幾何的問題 初級編

$k^2 = 36$

$k = 6$

　甲円，丙円の直径がそれぞれ 9 寸，4 寸なので，相似比より乙円の直径は $k = 6$ 寸となる。

答え　6 寸

鮮やかな別解（和算による解法）

　三角形の相似をさらに徹底して使うと，次のように鮮やかに解くことができる。

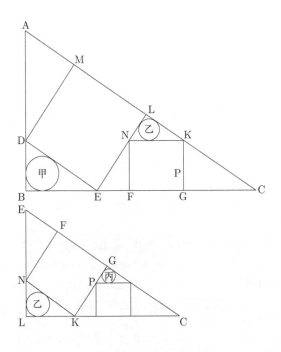

△ABC と △ELC は，内部の図形も含めて，完全に相似の形をしている。よって，△ABC と △ELC，△ELC と △KGC の相似比も等しい。ゆえに，甲円と乙円，乙円と丙円の相似比も等しい。

乙円の直径を x とすると，

$9 : x = x : 4$

$36 = x^2$

$x = 6$

答え　6寸

算額エピソード

算額論争

算額を巡って，和算史上有名な論争が繰り広げられたことがある。事の発端は，会田安明が愛宕山に算額を掲げたことに始まる。

天明元年（1781年），会田は江戸の芝愛宕山に自身の算額を掲げた。その中の術文に誤りがあった。誤りといっても，ほんの些細な表現上の瑕瑾である。「四千二百を乗じる」とすべきところを「四千二百位を進める」と誤記してしまったのだ。

間違いを指摘したのは，当代一の数学者と言ってよい藤田貞資だった。これがきっかけとなり，2人の間に険悪な空気が流れ始める。もともと会田は，藤田に入門を申し込んでいたらしい。入門が先延ばしになるうちに起こったのが，この事件だった。

憤激した会田は，藤田に反駁を始める。藤田の主著『精要算法』を調べ上げ，その誤りを指摘した本を出版した。『改精算法』である。

これに対し藤田側も反論，弟子の神谷定令が『改精算法正論』を出版する。会田は直ちに『改精算法改正論』を出して反撃。論争は泥仕合の様相を呈し始める。

論争は主に著書の発表によってなされた。以下会田側と藤田側の書物を発表順に列記してみる。

藤田側	会田側
精要算法	改精算法
改精算法正論	改精算法改正論
非改精算法	解惑算法
非解惑算法	
解惑弁誤	算法廓如
撥乱算法	算法非撥乱

題名だけを眺めていても，お互いの意地の張り合いが見て取れる。

当時，和算界は藤田を頂点とする関流が一世を風靡していた。それに対抗して会田は最上流を旗揚げする。会田は出羽（今の山形県）出身だった。故郷に流れる最上川にちなんだ命名だ。ただし，「もがみ流」としなかったのが会田らしい。流派の名前に，「自分の算術は天下一だ」との自負を込めたと推察される。

2つの流派の対立に世間の関心も沸騰し，庶民を巻き込んで論争は延々と20年にわたって続いたのだった。

【第 六 問】
三日月形

岐阜県大垣市　明星輪寺
元治二年（一八六五年）

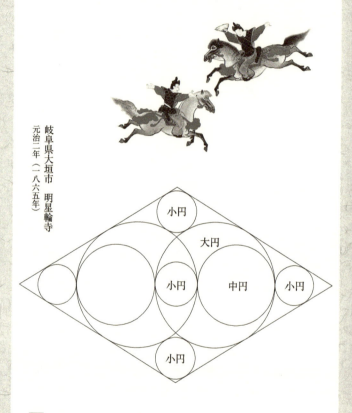

問

図のように，菱形の内部に2つの大円と2つの中円，5つの小円が接している。中円と小円の直径の関係を求めよ。

ヒント　補助線を引いて新たな三角形を作り，重心を利用する。

解答

現代の解法

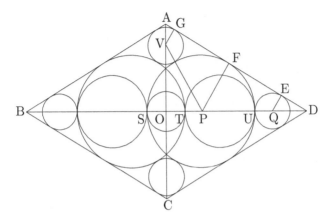

菱形の横の対角線の長さを $2a$, 縦の対角線の長さを $2b$ とおく。また，大円の半径を R, 中円の半径を x, 小円の半径を r とおく。

鉤股弦の術を使って，$\triangle$ACD の三辺の長さを a, b, R, r で表す。

線分 OD について，$\triangle$AOD $\backsim$ $\triangle$QED より，

$$QD = \frac{\sqrt{a^2+b^2}}{b}r$$

$$\begin{aligned}
OQ &= OU + UQ \\
&= (SU - SO) + UQ \\
&= 2R - r + r \\
&= 2R
\end{aligned}$$

よって，

$$OD = OQ + QD$$
$$a = 2R + \frac{\sqrt{a^2+b^2}}{b}r \cdots\cdots\cdots ①$$

線分 OA について，$\triangle AOD \backsim \triangle AGV$ より，

$$AV = \frac{\sqrt{a^2+b^2}}{a}r$$

$\triangle VOP$ は直角三角形なので

$$\begin{aligned}OV &= \sqrt{PV^2 - OP^2}\\&= \sqrt{(R+r)^2 - (R-r)^2}\\&= \sqrt{4Rr}\\&= 2\sqrt{Rr}\end{aligned}$$

よって，

$$OA = OV + VA$$
$$b = 2\sqrt{Rr} + \frac{\sqrt{a^2+b^2}}{a}r \cdots\cdots\cdots ②$$

線分 DA について，$\triangle AOD \backsim \triangle QED \backsim \triangle AGV$ より，

$$DE = \frac{a}{b}r,\ GA = \frac{b}{a}r$$

公式 (1) より，

$$EF = \sqrt{2r \cdot 2R} = 2\sqrt{Rr},\ FG = \sqrt{2r \cdot 2R} = 2\sqrt{Rr}$$
$$EG = 4\sqrt{Rr}$$

よって，

$$DA = DE + EG + GA$$

$$\sqrt{a^2+b^2} = \frac{a}{b}r + 4\sqrt{Rr} + \frac{b}{a}r$$

$$\sqrt{a^2+b^2} = \frac{a^2+b^2}{ab}r + 4\sqrt{Rr} \ \cdots\cdots\cdots ③$$

②, ③より,

$$4\sqrt{Rr} = 2b - \frac{2\sqrt{a^2+b^2}}{a}r = \sqrt{a^2+b^2} - \frac{a^2+b^2}{ab}r$$

$$\left(\frac{a^2+b^2}{ab} - \frac{2\sqrt{a^2+b^2}}{a}\right)r = \sqrt{a^2+b^2} - 2b$$

$$\frac{\sqrt{a^2+b^2}}{ab}(\sqrt{a^2+b^2} - 2b)r = \sqrt{a^2+b^2} - 2b$$

$$(\sqrt{a^2+b^2} - 2b)(r\sqrt{a^2+b^2} - ab) = 0$$

よって,

$$\sqrt{a^2+b^2} = 2b \ \text{または} \ r = \frac{ab}{\sqrt{a^2+b^2}}$$

[1] $r = \dfrac{ab}{\sqrt{a^2+b^2}}$ のとき

①より

$$a = 2R + \frac{\sqrt{a^2+b^2}}{b} \cdot \frac{ab}{\sqrt{a^2+b^2}}$$

$$a = 2R + a$$

$$R = 0$$

となり, 不適。

[2] $\sqrt{a^2 + b^2} = 2b$ のとき

$$a^2 + b^2 = 4b^2$$
$$a^2 = 3b^2$$
$$a = \sqrt{3}b$$

①より

$$\sqrt{3}b = \frac{\sqrt{3b^2 + b^2}}{b}r + 2R$$
$$\sqrt{3}b = 2r + 2R \quad \cdots\cdots \text{①}'$$

②より

$$b = 2\sqrt{Rr} + \frac{\sqrt{3b^2 + b^2}}{\sqrt{3}b}r$$
$$\sqrt{3}b = 2\sqrt{3Rr} + 2r \quad \cdots\cdots \text{②}'$$

①', ②' より,

$$\sqrt{3}b = 2r + 2R = 2\sqrt{3Rr} + 2r$$
$$2R = 2\sqrt{3Rr}$$
$$R^2 = 3Rr$$
$$R = 3r$$

ここで, $SU = 2R = 2r + 2x$ より

$$R = r + x$$
$$x = R - r$$
$$x = 3r - r$$
$$x = 2r$$

<u>答え 中円の直径は小円の直径の 2 倍</u>

鮮やかな別解（和算による解法）

この問題には，鮮やかな別解がある。

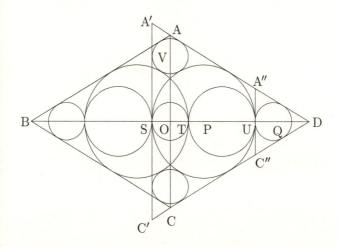

図のように A′，C′ を取るのが，簡明だ。対称性より △A′C′D は正三角形。点 P は正三角形の重心になるので，

$SP : PD = 1 : 2$

$SP = PU$ より

$SP : PU : UD = 1 : 1 : 1$

よって，△A′C′D と △A″C″D の相似比は 3 : 1 になる。ゆえに，

$R : r = 3 : 1$

$$TU = SU - ST$$
$$2x = 2R - 2r$$
$$x = R - r$$
$$x = 3r - r$$
$$x = 2r$$

<u>　　答え　中円の直径は小円の直径の 2 倍</u>

見事な別解だ。

和算では，対称性を使ったり，補助線を使って図形的に解くことも多かった。問題をただ解くだけではなく，どれだけ美しく解くかも競ったのである。

算　額　エ　ピ　ソ　ー　ド
和算の歴史

ここで和算の歴史について，軽く振り返っておきたい。

日本で数学の歴史と呼べるものが始まるのは，奈良時代とされる。718 年（養老 2 年），養老律令が出された。その中に「算博士二人」「算生三十人」という記述が見られる。今風に言えば，「数学教授二名」「数学科学生三十名」といったところだろうか。

日本最古の歌集『万葉集』にも，数学に関する表現がある。この場合は，数学というよりも数による言葉遊びと言ったほうが正確だろう。

万葉集巻十一に，次のような歌がある。さて，○○○の部分はどう読むのだろうか。

若草乃　新手枕乎巻始而　夜哉将間　二八十一不在国
（わかくさの　にいたまくらをまきそめて
よをやへだてむ　○○○あらなくに）

若草のように若々しい妻の手枕をし始めてからというもの，一夜でも会わずにいられようか。つゆほども憎いと思わないのだから。

答えは「にくく」だ。「八十一」の部分を「くく（9×9）」と読むのがポイントだ。掛算の「九九」は，奈良時代からあったことになる。
次のような歌もある。同じく巻十一の中の歌だ。

狗上之　鳥籠山尓有　不知也河
　　　　不知二五寸許瀬　余名告奈
（いぬかみの　とこのやまにある　いさやがわ
いさ○○きこせ　わがなのらすな）

狗上の鳥籠の山ちかくにある不知也河の名のごとく「いさ（知らない）」とおっしゃってください。わたしの名を告げないでください。

この歌では「二五」を「とを（十）」と読ませている。もちろん，「$2 \times 5 = 10$」という「九九」の言葉遊びだ。よほど古くから「九九」は人口に膾炙していたようだ。

【第七問】
直角三角形と内接円（一）

今図の如く鈎股に全円を容る有り。
鈎三寸、股四寸、全円径如何と問ふ。

福島県郡山市　鹿島大神宮
明治百年（一九六八年）

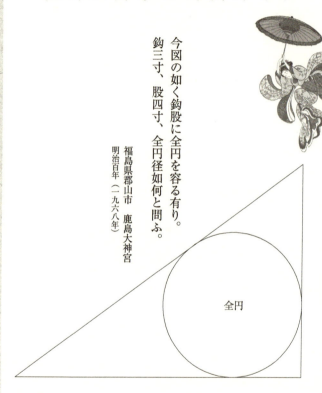

全円

問

今図のように，直角三角形の内部に全円が内接している。三角形の長辺の長さが4寸，短辺が3寸のとき，全円の直径はいくらか。

ヒント　1点から延びる2つの接線は対称なので……。

第一章 幾何的問題 初級編

解答

現代の解法・和算による解法

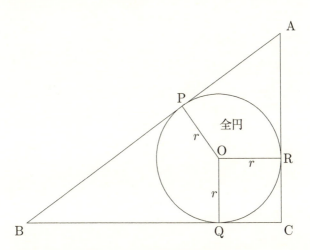

求める円の直径を D, 半径を $r = \dfrac{D}{2}$ とする。

まず斜辺の長さを出しておこう。いわゆる三平方の定理を使って,

$$AB = \sqrt{4^2 + 3^2} = 5$$

この問題は, 特別な公式は使わない。そのかわり, 図形の対称性をうまく使う必要がある。

△APO と △ARO は直線 AO について対称なので, $AP = AR$ となる。同様にして, $BP = BQ$, $CQ = CR$ が成り立つ。

ここで $BC + CA$ を考えると,

$$BC + CA = (BQ + QC) + (CR + RA)$$
$$= BQ + r + r + RA$$
$$= 2r + BQ + RA$$

よって，

$$2r = BC + CA - (BQ + RA)$$

ここで，$BQ + RA = BP + AP = AB$ なので，

$$2r = BC + CA - AB$$

ゆえに，

$$D = BC + CA - AB \tag{3}$$

よって，

$$D = 4 + 3 - 5 = 2$$

<u>答え　2寸</u>

　公式 (3) は非常に美しい形をしている。この公式 (3) は現代でもよく知られているが，和算特有の公式として，繰り返し用いられる。

　ちなみにこの算額は明治 100 年を記念して昭和 43 年に奉納された。

算額エピソード
塵劫記の出版

　和算の発展にとって，ひとつの大きなきっかけとなったのが，『塵劫記』の出版だった。

　『塵劫記』は，江戸初期（寛永4年，1627年）に出版された算術書である。和算の代名詞と言ってもよいほど，現在でもポピュラーな存在だ。

　著者は吉田光由という，京都生まれの人物だ。豪商角倉家の親戚筋にあたる。江戸時代前期は，上方が文化的にも経済的にも江戸より優位にあった。和算も，江戸ではなく京から発展を始めたのだった。

　『塵劫記』は，内容といい装丁といい，非常によくできた書物で，その後200年の日本の算術の方向性を決定づけた名著と言って過言ではない。江戸初期にこの書物が世に出たことが，和算の発展にとって非常に幸運だった。

　『塵劫記』の良さは，その分かりやすさである。挿絵を存分に駆使した構成は，見た目にも楽しく，日常生活に材を採った興味を引く問題が，適切な順序と難易度で並んでおり，読む者を飽きさせない。

　一例として，ねずみ算をあげてみる。図の面白さとともに，『塵劫記』の魅力を味わってほしい。

「正月にねずみの夫婦が出てきて，子供を 12 匹産んだ。このまま産みつづけると 12 月には何匹になるか？」

結論は，月数を n として，$2 \cdot 7^n$ 匹で計算される。12 か月だと，$2 \cdot 7^{12} = 27682574402$ 匹となる。

数がどんどん増えていくのが面白い。

【第八問】
直角三角形と内接円（二）

長玄三寸二分短玄一寸八分
中勾二寸四分
両円径問

長野県長野市　笹峯神社
文久二年（一八六二年）

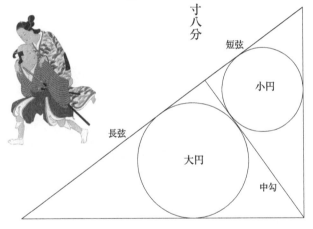

問

図のような直角三角形がある。直角の頂点から斜辺に垂線を下ろし，2つの直角三角形を作る。それぞれの直角三角形に内接する円の直径を求めよ。ただし，長弦は3寸2分，短弦は1寸8分，中勾は2寸4分である。

ヒント 第七問の公式（3）を利用すると楽に解ける。

解答

和算による解法

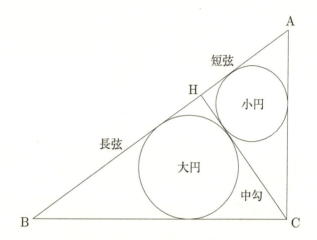

大円の直径を D, 小円の直径を d とする。
△BCH, △ACH に三平方の定理 (鈎股弦の術) を用いて,

$$BC = \sqrt{3.2^2 + 2.4^2} = 4$$
$$AC = \sqrt{1.8^2 + 2.4^2} = 3$$

公式 (3) より,

$$D = HB + CH - BC = 3.2 + 2.4 - 4 = 1.6$$
$$d = AH + HC - CA = 1.8 + 2.4 - 3 = 1.2$$

答え　大円1寸6分, 小円1寸2分

算額エピソード
塵劫記と遺題継承

『塵劫記』の巻末には，ちょっとした付録がつけられている。「遺題」と呼ばれる問題集である。この問題集には答えがない。つまり読者への挑戦状という体裁をとっている。『塵劫記』は本の内容もさることながら，「遺題」というシステムが後世に与えた影響も大きかった。

吉田光由が遺題を付けたのには，訳があった。光由本人が，著書の中でその理由を語っている。要旨を述べると，以下のようになる。

> 世の中には，算術の達人と自称する輩が多いが，教わる側から見ればその実力を測り難い。そこで，ここに答えの無い十二の問題を載せておくから，師を試してみるがよろしい。

たしかに光由の言うこともももっともだが，試される側の師匠にしてみれば，迷惑な付録だったであろう。

というわけで，寛永 18 年（1641 年）に出版された『新編塵劫記』には，巻末に 12 の問題が載っている。12 の問題のうち，11 問まではさほど難しくはない。それなりの算術の実力があれば，比較的容易に解ける。問題は第 10 問目の円を 3 分割する問題だ。

> 今，図のように直径が百間の円形の屋敷を平行な二本の線で三分割する。それぞれその面積を，二千九百坪，二千五百坪・二千五百坪にしたい。このときの弦の長さ及

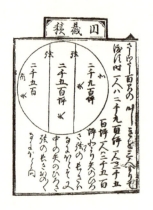

び矢の長さを求めよ。

　詳しい内容は省くが, この問題を本格的に解こうとすると, 4次方程式が必要になる。当時の算術の師匠の手には余ったのではないだろうか。

　この遺題に応えたのが, 榎並和澄だった。彼は承応 2 年（1653 年）に『参両録』を出版, 塵劫記の遺題の解答を示した。

　ここで榎並はある工夫をした。自著に新しい遺題を載せて世に問うたのである。これがきっかけとなり, 算術家たちが次々と遺題をリレーしていく慣習ができた。和算家たちは, 先人の遺題を解くとともに, 斬新で魅力的な問題を作り, 続々と世に送り出したのである。

　こうして, 遺題継承というシステムが誕生し, 和算が独自の発展を遂げるためのひとつの原動力となった。

[第九問]

直角三角形と内接円（三）

今有如図方面之内容隔斜五等円
只言方面若干
問等円径幾何

長野県木島平村
一川谷大元神社
文化八年（一八一一年）

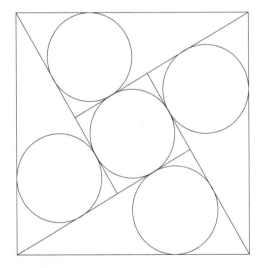

問

今，図のように正方形の中に等しい円が5つ描かれている。円の直径を正方形の一辺を用いて表せ。

ヒント 図形の対称性に注目。

解答

和算による解法

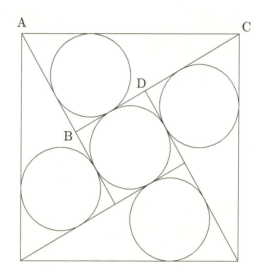

　直角三角形と内接円の応用問題である。まず中央の四角形は，対称性より正方形であることは明らか。よって1つの角は直角となる。ゆえに $\angle ABD = 90°$ となり，△ABC は直角三角形となる。

　ここで，$BD = x$，$DC = y$ とおく。また，正方形の一辺として $AC = a$ とおき，円の直径を d とおく。第七問で導いた公式 (3) より，

$$d = AB + BC - AC = y + x + y - a = x + 2y - a$$

$d = x$ なので，

$$x = x + 2y - a$$
$$a = 2y$$

また,三平方の定理(鈎股弦の術)より,

$$AB^2 + BC^2 = CA^2$$
$$y^2 + (x+y)^2 = a^2$$
$$\left(\frac{a}{2}\right)^2 + \left(x + \frac{a}{2}\right)^2 = a^2$$
$$\left(x + \frac{a}{2}\right)^2 = \frac{3}{4}a^2$$
$$x + \frac{a}{2} = \frac{\sqrt{3}}{2}a$$
$$x = \frac{\sqrt{3}-1}{2}a$$

答え　一辺の $\dfrac{\sqrt{3}-1}{2}$ 倍

ちなみに,一辺の $\dfrac{\sqrt{3}-1}{2}$ 倍の部分は算額では
「三箇平方開之内減一箇余乗外方面半之得等円径合問」
と書かれている。現代風に訳すと,「3 の平方根から 1 を引き,正方形の一辺の半分を掛けると,これが等円の直径になる」といった意味になる。

算額エピソード
和算と円周率

　円周率 π は，古来より数学者たちの心を捉えてきた。もちろん，和算家とて例外ではない。円周率 π はいかなる式で表されるのか？　和算家たちは様々な方法を試みている。

　江戸時代初期の 17 世紀初め，京に毛利重能という和算家がいた。彼は円周率を 3.16 としていた。もちろん，この値は正しくない。

　次に今村知商。毛利の門弟で，『竪亥録』の著者である。彼は $\sqrt{10}$ を円周率としている。$\sqrt{10} = 3.1622\cdots\cdots$ なので，この値も正確ではない。

　日本で円周率を正面から取り扱った和算家は，村松茂清が最初である。円に内接する正多角形の辺の長さと円の直径の比をとることで，円周率を求めた。村松は辺の数を増やしていき，最終的に正 32768 角形まで達した。その結果得られた円周率は，

$$\pi = 3.14159264877698869248$$

であった。小数第 7 位まで正しい。

　次は算聖・関孝和の登場である。正 131072 角形を使ってさらに桁数を延ばした。

$$\pi = 3.14159265359 \text{ と少し}$$

小数第 10 位まで正しい。

　そして関の弟子，建部賢弘により円周率の計算はひとつ

の頂点を迎える。建部は円周率の一般公式を求めることに成功する。

$$\pi^2 = 9\left(1 + \frac{1^2}{3\cdot 4} + \frac{1^2 \cdot 2^2}{3\cdot 4\cdot 5\cdot 6} + \frac{1^2 \cdot 2^2 \cdot 3^2}{3\cdot 4\cdot 5\cdot 6\cdot 7\cdot 8} + \cdots\cdots\right)$$

いわゆる円周率の二乗公式で、オイラーが同様の式を発見するより15年早かった。この式の登場により、円周率の桁数は一気に小数第41位まで延びた。

【第 十 問】

直角三角形と内接円（四）

今有方内如図設半円及二斜容大小円
其小円径若干
問得大円径術如何

岩手県一関市　八幡神社
天保九年（一八三八年）

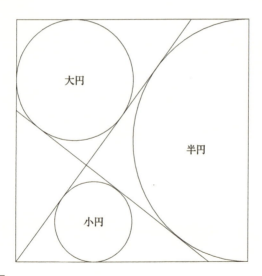

問

今，図のように正方形の内部に半円と２直線があり，大小２つの円が接している。小円の直径が与えられたとき，大円の直径はどのように表されるか。

ヒント 図形をいったん３つに切り離し，再びつなぎ合わせると……。

第一章 幾何的問題 初級編

解答

現代の解法

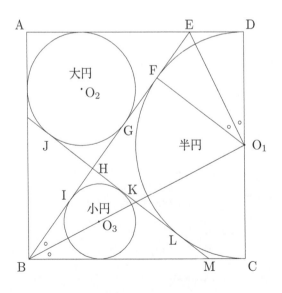

六十五

最初に，図形の性質についてまとめておく。正方形の一辺を a，大円の直径を D，小円の直径を d とする。まず，$\triangle BO_1F$ と $\triangle BEO_1$ と $\triangle O_1EF$ について。$\triangle BO_1F$ が直角三角形であることは明らかなので，$\angle FBO_1 = \alpha$，$\angle BO_1F = \beta$ とおくと，$\alpha + \beta = 90°$

　ここで $\angle CO_1D$ を考えると，

$\angle CO_1D = \angle FO_1C + \angle FO_1D$

$180° = 2\beta + \angle FO_1E \times 2$

$\angle FO_1E + \beta = 90°$

よって $\angle FO_1E = \alpha$，$\angle EO_1B = \alpha + \beta = 90°$
ゆえに，$\triangle BO_1E$ は直角三角形で

$\triangle BO_1E \backsim \triangle BFO_1$

また，$\angle FEO_1 = \beta$ なので，

$\triangle BEO_1 \backsim \triangle O_1EF$

よって，

$\triangle BO_1F \backsim \triangle BEO_1 \backsim \triangle O_1EF$ ……… ①

また，辺の比を考えると，正方形の一辺を a として，

$BF = BC = a$，$FO_1 = \dfrac{a}{2}$

よって，$BF : FO_1 = 2 : 1$
ゆえに $\triangle BO_1F$，$\triangle BEO_1$，$\triangle O_1EF$ はそれぞれ辺の比が

$1 : 2 : \sqrt{5}$ ……… ②

の直角三角形になっている。

次に，大円の直径を求める。

②より

$$EF = \frac{1}{2}O_1F = \frac{a}{4}$$

$EF = ED$ より，$ED = \dfrac{a}{4}$

$$AE = a - \frac{a}{4} = \frac{3a}{4}$$
$$BE = BF + FE = a + \frac{a}{4} = \frac{5a}{4}$$

よって △ABE の各辺は，

$$AB = a,\ BE = \frac{5a}{4},\ EA = \frac{3a}{4}$$

第七問で導いた公式 (3) より，

$$D = AB + EA - BE = a + \frac{3a}{4} - \frac{5a}{4} = \frac{a}{2} \cdots\cdots\cdots ③$$

次に $BE \perp PM$ を示す。

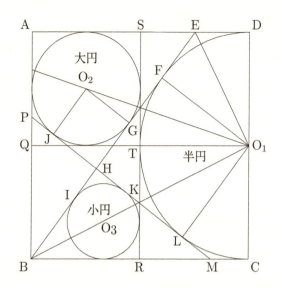

　大円と半円は，軸 O_2O_1 について対称。よって，接線 PM と接線 AD も軸 O_2O_1 に対して対称になる。

　$\angle AST = 90°$ なので，対称な位置にある $\angle PHF$ も $90°$ となる。よって，

　　$BE \perp PM$ ……… ④

さらに △ABE と △HMB について。
錯角より

　　$\angle AEB = \angle MBH$

また $\angle BAE = \angle MHB = 90°$ なので，

　　$\triangle ABE \backsim \triangle HMB$ ……… ⑤

また、円の対称性より、

$$BF = BC, \ EF = ED \ \cdots\cdots \ ⑥$$

が成立する。

さらに、□O_2JHG は正方形なので、

$$O_2J = GH = \frac{a}{4}$$

が成立し、□FHLO_1 も正方形なので、

$$FH = O_1L = \frac{a}{2} \ \cdots\cdots \ ⑦$$

が成立する。

以上を前提に、大円と小円の直径の関係を求める。

線分 BE について考える。

②より、

$$EF = \frac{a}{4}$$

⑦より、

$$FG = GH = \frac{a}{4}$$

$$BF = BC = a$$

よって、

$$EF = FG = GH = \frac{a}{4}, \ HB = \frac{a}{2}$$

また、△BMH について、

$$BH = \frac{a}{2}$$

ここで⑤より、相似比は、

$$EA:BH = \frac{3}{4}a : \frac{1}{2}a = 3:2$$

よって,

$$BH = \frac{a}{2},\ HM = a \times \frac{2}{3} = \frac{2}{3}a,\ MB = \frac{5}{4}a \times \frac{2}{3} = \frac{5}{6}a$$

以上まとめると,

$$\begin{cases} \triangle \text{ABE について},\ AB = a,\ BE = \frac{5}{4}a,\ EA = \frac{3}{4}a \\ \triangle \text{HMB について},\ HM = \frac{2}{3}a,\ MB = \frac{5}{6}a,\ BH = \frac{1}{2}a \end{cases}$$

ここで, 公式 (3) を使うと,

$$\begin{cases} D = AB + EA - BE = a + \frac{3}{4}a - \frac{5}{4}a = \frac{1}{2}a \\ d = HM + BH - MB = \frac{2}{3}a + \frac{1}{2}a - \frac{5}{6}a = \frac{1}{3}a \end{cases}$$

よって,

$$D = \frac{3}{2}d$$

<u>答え　小円の直径の 1.5 倍</u>

鮮やかな別解（和算による解法）

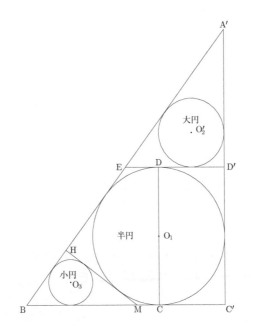

$BE \perp HM$ が示せれば（じつはここが一番難しいのだが），図のような鮮やかな別解がある。

△A′BC′，△A′ED′，△MBH について，

$$\triangle \text{A}'\text{BC}' \backsim \triangle \text{A}'\text{ED}' \backsim \triangle \text{MBH}$$

が成立するので，あとは相似比をとれば，簡単に各円の直径の比が求まる．

$$BC' = a + \frac{a}{2} = \frac{3a}{2}$$

$$ED' = \frac{a}{4} + \frac{a}{2} = \frac{3a}{4}$$
$$BH = \frac{a}{2}$$

よって,

$$D : d = \frac{3a}{4} : \frac{a}{2}$$
$$D = \frac{3}{2}d$$

<u>答え 小円の直径の 1.5 倍</u>

算 額 エ ピ ソ ー ド

和算の流派

お茶やお花と同じように,和算にも様々な流派があった。最も勢力があったのは,関孝和を祖とする関流だったが,それ以外にも全国に有力な流派が覇を競った。

まず,会田安明が始めた最上流がある。最上流については,算額論争の項で述べた。主に東北地方で隆盛を誇ったが,長野や関西でも算額中に最上流の文字が見られる。関西方面では,宅間流・宮城流・大島流・麻田流などが栄えた。

流派の名前は,開祖の名字から採ることが多かったようだ。宅間流は宅間能清,宮城流は宮城清行,大島流は大島喜侍,麻田流は麻田剛立といった具合である。その他には,三池市兵衛の三池流,武田真元の真元流などが知られていた。

和算の主流だった関流では,免許制度を採っていた。免許は五段階に分かれ,下から見題免許・隠題免許・伏題免許・別伝免許・印可免許と呼ばれていた。それぞれの段階を踏ん

で，上達していく仕組みである。囲碁将棋の段位制度に似ているだろう。

　これらの免許制度は，関が始めたものではない。関本人は派閥とは無縁の，孤高の人物だったようだ。弟子たちが流派の運営上，必要に応じて作り上げたもののようである。

　免許制度の是非については，意見の分かれるところだろう。秘密主義との批判も多い一方で，和算の一定の水準を保つのに役立ったとも言える。とにもかくにも，関流は幕末まで一大潮流として，和算界を牽引する存在だったのは確かだ。

第二章
代数的問題

算額では代数の問題は多くないが,
独特の味わいがある。
和算特有の計算法も興味深い。
それでは和式計算の世界へ。

[第 十一 問]

鶴亀算

雉子菟取合五十疋有足数百二十二本也
雉子足二本菟足四本銘々幾何

岩手県遠野市　鞍迫観音
寛保三年（一七四三年）

問

今，雉子と兎が合計50羽ずついる。足の本数は合計で122本である。雉子と兎はそれぞれ何羽ずついるか。

ヒント　足の数の差に注目すると……。

解答

現代の解法・和算による解法

おなじみの鶴亀算である。日本の正規の数学の授業で取り上げられることはないが、伝統的に皆が知っている和算の代表例だ。

50羽のすべてが兎だとすると、足は 50×4 で200本になるはずだが、実際は78本少ない。兎1羽が雉子1羽に変わると、足は2本ずつ減る。よって $78 \div 2 = 39$ で雉子は39羽。兎は $50 - 39 = 11$ 羽となる。

もっとも、この問題を鶴亀算で解く人は少ないだろう。大抵の人はいわゆる連立方程式で解くはずだ。

今、兎の数を x、雉子の数を y とおく。

$$\begin{cases} x + y = 50 \\ 4x + 2y = 122 \end{cases}$$

よって

$$\begin{cases} x + y = 50 \\ 2x + y = 61 \end{cases}$$

第2式から第1式を引いて、

$$x = 11$$
$$y = 50 - 11$$
$$ = 39$$

<u>答え　雉子39羽、兎11羽</u>

算額エピソード

鶴亀算の歴史

奈良時代以降江戸時代に入るまで,日本の数学はおもに中国や朝鮮の文献に頼ることが多かった。『孫子算経』『九章算術』『算学啓蒙』『算法統宗』といった算術書である。

鶴亀算はもともと中国から入ってきたとされている。5～6世紀の中国の書物『孫子算経』に次のような問題が載っている。

　　今有雉兎同籠　　上有三十五頭　　下有九十四足
　　問雉兎各幾何

　　(今雉子と兎が同じ籠に入っている。上から見ると頭が35,下から見ると足が94ある。雉子と兎の数はそれぞれいくらか)

中国では鶴亀ではなく,雉子と兎が使われていた。そのため,この問題は「雉兎同籠」と呼ばれていた。後に雉子はより身近な鶏に代えられる。現在中国では「鶏兎同籠」と呼ばれている。では,この問題をいわゆる鶴亀算で解いてみよう。

すべて兎だとすると,$35 \times 4 = 140$ 本の足があるはずである。実際は $140 - 94 = 46$ 本少ない。兎と雉子の足の本数の差は $4 - 2 = 2$ 本なので,$46 \div 2 = 23$ が雉子の数になる。よって兎の数は $35 - 23 = 12$ 羽となる。

日本でもいくつかの和書でこの「雉兎同籠」の問題が紹介されている。有名なところでは『算法闕疑抄』だろう。万治

2年（1659年）に発行されたこの本では，まだ雉子と兎が使われている。日本人に馴染みの鶴と亀になるのは，文化12年（1815年）に出版された『算法点竄指南録』からと言われている。

　結局のところ，奈良時代から安土桃山時代にかけては，和算に大きな進歩は見られなかった。ソロバンの活用など，部分的な進歩がないわけではなかったが，全体としてみれば停滞の時代と言ってよい。江戸期に入り，我が国の数学は急速に独自の進歩を遂げるようになる。狭義の和算はここから始まる。

[第 十二 問]
俵杉算

秋田県仙北市 熊野神社
安政五年（一八五八年）

問

今，図のように俵がある。これを2通りの方法で積む。ひとつは上が19個，もうひとつは上が6個の台形状に積むことができた。俵は何俵あるか。

ヒント 俵の山を逆にして組み合わせると……。

解答

現代の解法

　和算では，物を規則的に積んでその数を数えることを「*垛術*（だじゅつ）」と言った。そのうち，三角形に積み上げるものを「俵杉算」と言った。杉の木の形が三角形に見えることから，この名前が付けられたと考えられる。つまり，「俵を杉の木の形のように三角形に積み上げた」といった意味だ。

　現在の数学では，この問題は数列で解くのが一般的だろう。

　底辺が n 個の三角形の俵の山の俵の合計は，

$$S_n = 1 + 2 + 3 + \cdots\cdots + n$$
$$= \sum_{k=1}^{n} k$$
$$= \frac{n(n+1)}{2}$$

　今，上辺が 19 個の山の底辺の俵の数を a 個，全体の俵の数を T 個とする。同様に上辺が 6 個の山の底辺の俵の数を b 個，全体の俵の数を U 個とする。次に，山の上に三角形に俵が積まれて全体が大きな三角形になったと仮定する。

　T と U を Σ で表記すると，

$$T = \sum_{k=1}^{a} k - \sum_{k=1}^{18} k$$
$$= \frac{a(a+1)}{2} - \frac{18(18+1)}{2}$$
$$= \frac{a(a+1)}{2} - 171$$

$$U = \sum_{k=1}^{b} k - \sum_{k=1}^{5} k$$
$$= \frac{b(b+1)}{2} - \frac{5(5+1)}{2}$$
$$= \frac{b(b+1)}{2} - 15$$

$T = U$ なので,

$$\frac{(a+1)a}{2} - 171 = \frac{(b+1)b}{2} - 15$$

式を整理して,

$$a^2 + a = b^2 + b + 312$$

この式を満たす自然数 a, b を求める。

$$a^2 - b^2 + a - b = 312$$
$$(a+b)(a-b) + (a-b) = 312$$
$$(a-b)(a+b+1) = 312$$

ここで掛けて 312 になる $(a-b)$ と $(a+b+1)$ の組み合わせを考える。312 を素因数分解すると

$$312 = 2^3 \times 3 \times 13$$

なので, $a - b < a + b + 1$ を考慮して以下の組み合わせが得られる。

$$(a-b, a+b+1) = (1, 312), (2, 156), (3, 104), (4, 78),$$
$$(6, 52), (8, 39), (12, 26), (13, 24)$$

これらを $(a-b)$ と $(a+b)$ の組み合わせに直す。

$$(a-b, a+b) = (1, 311), (2, 155), (3, 103), (4, 77),$$
$$(6, 51), (8, 38), (12, 25), (13, 23)$$

これらの組み合わせのうち，a，b が自然数のものは，

$$(a, b) = (156, 155), (53, 50), (23, 15), (18, 5)$$

$a \geqq 19, b \geqq 6$ は明らかなので，

$$(a, b) = (156, 155), (53, 50), (23, 15)$$

これらの a，b を使って，俵の総数 T（もしくは U）を求めると，

$$T = 105, 1260, 12075$$

<u>答え　105 俵，1260 俵，12075 俵</u>

となる。

当時の算額の答えには 105 俵しか載っていない。ただし，理論的には 3 種類の答えが存在するはずである。

算額が想定している出題は，日常生活に即したものとみなすのが妥当だろう。実際に 1260 俵の米俵や，ましてや 12075 俵の米俵を日常生活で扱うことはないため，答えから除いたものと考えられる。

和算による解法——俵杉算

底辺が n 個の三角形の俵の山を考える。三角形を上下に 2 つ組み合わせて平行四辺形を作ると，俵の合計は $(n+1) \times n$

個となる。

n 個

$n+1$ 個

俵の山 1 つ分はその半分だから，俵の合計は $\dfrac{(n+1)n}{2}$ となる。これを S_n と表すことにすると，

$$S_n = \dfrac{(n+1)n}{2}$$

となる。以下この S_n を使って俵の数を数えていく。この手法は現在でも使われるが，図形で求めるのが和算的だ。

上辺が 19 個について考えると，T は底辺が a 個の三角形から底辺が 18 個の三角形を引いたものになる。U についても同様に考えて，T, U は S_n を使って，

$$T = S_a - S_{18}$$
$$U = S_b - S_5$$

となる。よって，

$$T = \dfrac{(a+1)a}{2} - \dfrac{(18+1)18}{2} = \dfrac{(a+1)a}{2} - 171$$
$$U = \dfrac{(b+1)b}{2} - \dfrac{(5+1)5}{2} = \dfrac{(b+1)b}{2} - 15$$

以下 $T = U$ として，同様に a, b, S を求める。

算額エピソード
ソロバンと算木

　江戸時代以前,人々はどのように計算していたのだろうか。

　まず,最初に思いつくのは「ソロバン」だろう。ソロバンが日本に入ってきたのは,16世紀後半と言われている。この優秀な計算器は,ほどなく全国に広がった。そして江戸期を通じて庶民から和算家まで広く活用された。

　円周率のコラムで紹介した江戸時代初期の和算家,毛利重能。彼は和算家というより,ソロバンの教育者・普及活動家と言ったほうが正確かもしれない。元和8年(1622年),毛利は『割算書』という書物を出版する。割算を中心とした珠算書で,毛利がソロバンを教えるときの教科書にしたのではないかと推定されている。彼のソロバン塾の玄関には「割算天下一」という看板が掲げられていたという。

　ソロバンは計算器として非常に優れていたが,高次方程式を解くには向いていなかった。そこで,和算家たちはソロバンと並んで「算木」と呼ばれる計算道具を用いていた。

　算木の歴史は古く,先述した養老律令に算木という文言が見られる。少なくとも奈良時代には,日本に算木が存在していたと考えられている。

　現在,ソロバンの使い方を知っている人は多いが,算木の使い方を知っている人は稀だろう。そこで,算木について簡単に説明しておく。

　算木は3つの道具を使う。算盤と赤い棒と黒い棒だ。赤および黒の棒のことを算木と呼んだ。算盤は,算木を載せる

台のようなものである。縦横に枡が切ってあり，上段と右端の列に文字が描かれている。

萬	千	百	十	一	
					商
					実
					方
					廉
					隅

空欄に，算木を並べることで計算するシステムだ。ちなみに赤い算木が＋を，黒い算木が−を表す。算木の並べ方で，1〜9までの数字を表す。

実・方・廉・隅は，それぞれ定数・一次の項・二次の項・三次の項を意味し，商は答えを表す。算木は主に高次方程式を解くのに使われた。

【第 十三 問】

互減術

今有狐種蒔不知其石数
只云一斗八升宛蒔而無余
又云二斗六升宛蒔而無余
問総石数得術如何

福島県三春町　稲荷神社
明治十七年（一八八四年）

問

狐が種をまく。その石数はわからない。ただし，1斗8升ずつまいても，2斗6升ずつまいても余りがなかった。総石数はいくらか。

ヒント　1斗＝10升なので18升と26升と考える。

解答

現代の解法

要するに最小公倍数を求める問題だ。

解答を始める前に，江戸時代の容積の単位を整理しておく。この問題で使う単位は，「升」「斗」「石」の3つだ。

$$10\,升 = 1\,斗,\ 10\,斗 = 1\,石$$

という関係になる。

すべての種の量を升で表す。

$$1\,斗\,8\,升 = 18\,升,\ 2\,斗\,6\,升 = 26\,升$$

ここで，18と26の最小公倍数を求める。

$$\begin{array}{r|rr} 2) & 18 & 26 \\ \hline & 9 & 13 \end{array}$$

よって，

$$2 \times 9 \times 13 = 234$$

答え　2石3斗4升

和算による解法——互減術

和算では，最小公倍数は別の出し方をした。その方法を「互減」という。やり方は，次の通りだ。

```
 18  26 ……… (ア)
 16  18 ……… (イ)
  2   8 ……… (ウ)
  0   6 ……… (エ)
  2   2 ……… (オ)
```

$(18 \div 2) \times (26 \div 2) \times 2 = 234$……… (カ)

<u>　　答え　2石3斗4升</u>

まず、最小公倍数を求めたい数字を2つ並べる（ア）。

大きい数字から小さい数字を引く〔26 − 18 = 8,（イ）（ウ）の右側〕。

引いた値8を使って、左側の数字から8の倍数をできるだけ引く〔18 − 8 × 2 = 2,（ア）（イ）（ウ）の左側〕。

引いた値2を使って、右側の数字から2の倍数をできるだけ引く。ただし、0になる場合は1つ前で止める〔8 − 2 × 3 = 2,（ウ）（エ）（オ）の右側〕。

引いた値2を使って、左側の数字から2の倍数をできるだけ引く。ただし、0になる場合は1つ前で止める〔2 − 2 × 0 = 2,（ウ）（エ）（オ）の左側〕。

右側の数字と左側の数字が一致したところで止める（オ）。

最後の数字2が最大公約数となる。

それぞれの数字を最大公約数2で割り、掛け合わせて最後に2を掛けて、最小公倍数を出す（カ）。

互減術は、和算で整数を扱う場合よく使われる手法だった。

算額エピソード

天元術

　算木は主に一元の高次方程式を解くのに使われた。算木を使って一元高次方程式を解く方法を「天元術」と呼んだ。

　天元術は、もともと中国で始まった。元の時代、朱世傑という数学者が『算学啓蒙』という数学書を出した。その中に天元術の記載があった。この『算学啓蒙』が日本に輸入され、江戸時代初期に盛んに分析・研究された。

　日本で初めて天元術を正確に理解しえたのは、大阪の橋本正数・沢口一之師弟だったとされている。寛文10年（1670年）、弟子の沢口は『古今算法記』を出版、天元術を解説してみせた。

　天元術の解読・分析は困難な作業だったと思われる。天元術についての書物の記述はわずかで、それを解説してくれる中国の学者もいなかった。本家中国ですら天元術の研究は、ともすれば途絶えがちだったという。ほんのわずかの文献を頼りに、呪文のような記号の羅列と格闘し、天元術の理解に到達した橋本・沢口の苦労が偲ばれる。たとえて言うなら、現代の我々が何の予備知識も指導者もなく、少量の文献だけを元にアインシュタインの相対性理論を理解しようとすることに近いのではないだろうか。

　それはともかく、橋本・沢口の努力により、ようやく日本人は算木を用いて一元高次方程式を自由に取り扱うことができるようになったのである。

　江戸時代の方法だからといって、現代の我々が天元術をバ

力にすることはできない。天元術は一種の近似による高次方程式の解法である。最も近いであろう数をあらかじめ予想し，その差を0に近づけていくのである。何次式でも解けるため，むしろ実用的には優れた計算法であったと言うことができる。

【第十四問】
交会術

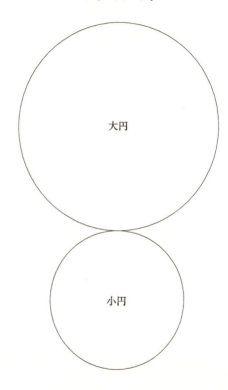

愛知県美浜町 唯心寺
弘化三年（一八四六年）

問

今，図のように周が48里の大円と32里の小円がある。ふたつの円の接点から牛と馬が同時に出発し，牛は大円の円周上を，馬は小円の円周上を歩いた。牛は1日に8里の速さで，馬は1日に12里の速さで歩く。次に牛と馬が出発点で出会うのは何日後か。

ヒント　牛と馬の速さを出してもよいが計算が大変。整数だけでできないか。

解答

和算による解法

互減術の応用問題だ。この問題のように，2人（この場合は牛と馬）が出会う問題を交会術と言った。一定の期間で追いついたり，出会ったりする面白さを扱うのが和算的と言えよう。旅人算が代表的な例だ。この問題では，牛や馬の歩く速さを出すと計算が面倒になる。いかに整数だけで計算を進めるかがポイントとなる。

n 日後に出会うとする。それまでに牛が回る回数を l 回，馬が回る回数を m 回とする。n 日で牛が歩く距離と，牛が回った距離は等しいので

$8n = 48l$

馬についても同様に考えて，

$12n = 32m$

ここで，8と12の最小公倍数を求める。互減術を用いて，

$$\begin{array}{cc} 8 & 12 \\ 4 & 8 \\ \hline 4 & 4 \end{array}$$

8と12の最大公約数は4なので

$(8 \div 4) \times (12 \div 4) \times 4 = 24$

よって，8と12の最小公倍数は24。よって，

$24n = 8n \times 3 = 12n \times 2$

ゆえに,

$48l \times 3 = 32m \times 2$

$9l = 4m$

$3^2 l = 2^2 m$

9と4はお互いに1以外の素因数を持たないから,

$l = 4,\ m = 9$

よって,

$8n = 48 \times 4$

$n = 24$

<u>答え 24日後</u>

算額エピソード

算木による一次方程式の解き方

ここで算木の使い方を説明しよう。例として一次方程式

$13x - 585 = 0$

から x を求める方法を示す(プラスを表す赤い算木はグレーで記した)。

		商
−	Ⅲ	実
ǀ	Ⅲ	方

実に-585を入れる。
方に13を入れる。

第二章 代数的問題

13を左に1つシフトする。

商に4を立てる(方の13と実の−585を見比べる。実の−585のうち、左の二桁58に着目する。13と58を比べて13に何を掛けたら58に近くなるかを考える。13×4=52なので、4を立てる)。

方の13に4を掛けて上にあげ、実の−58と足し合わせる。

$13 \times 4 - 58 = -6$

13を右に1つシフトする。

商に5を立てる(13と−65を比べて、13×5=65を予想し、5を立てる)。
方の13に5を掛けて上にあげ、実の−65と足し合わせる。

$13 \times 5 - 65 = 0$

実が0になったので終了。答えは45。

【第十五問】

翦管術（剰一術）

今参詣来不知人員取九分之七
其員不知百已上唯存六十八員
又取八分之五其員不知百已上唯存六十員
参詣来惣員何人ナルヤ

福島県田村市　安倍文殊堂
明治十年（一八七七年）

問

今参詣人が訪れているが，その数は分かっていない。総人数の $\frac{7}{9}$ を取ると，100人以上の数は不明だが，下2桁の人数は68人である。また，総人数の $\frac{5}{8}$ を取ると，下2桁は60人である。参詣者は何人か。

ヒント　いわゆる不定方程式の問題になる。

解答

現代の解法

問題のポイントをまとめると，以下のようになる。
「ある整数に $\frac{7}{9}$ を掛けると，下 2 桁は 68 である。$\frac{5}{8}$ を掛けると，下 2 桁は 60 である。元の整数はいくつか」

元の整数を n とすると，次の 2 式が成立する。

$$n \cdot \frac{7}{9} = 68 + 100k$$

$$n \cdot \frac{5}{8} = 60 + 100l$$

（k, l は整数）

よって，

$$7n = 612 + 900k$$

$$5n = 480 + 800l$$

第 1 式に 5，第 2 式に 7 を掛けて，

$$35n = 3060 + 4500k$$

$$35n = 3360 + 5600l$$

辺々引いて，

$$0 = -300 + 4500k - 5600l$$

$$56l - 45k + 3 = 0 \quad \cdots\cdots\cdots ①$$

$$56l = 45k - 3$$

$$2^3 \cdot 7l = 3(15k - 1)$$

$2^3 \cdot 7$ と 3 は互いに素なので,

$15k - 1 = 56m$ (m は整数)

$15k - 1 = (60 - 4)m$

$4m - 1 = 60m - 15k$

$4m - 1 = 15(4m - k)$

$4m - 1$ は 15 の倍数になるので, $m = 1, 2, 3, \cdots\cdots$ と順に代入して, 15 の倍数になる最も小さい数は,

$m = 4,\ 4m - 1 = 16 - 1 = 15$

$15(4m - k) = 15$

$4m - k = 1$

$k = 4m - 1$

$\quad = 4 \cdot 4 - 1$

$\quad = 15$

$n = (68 + 100k) \cdot \dfrac{9}{7}$

$\quad = (68 + 1500) \cdot \dfrac{9}{7}$

$\quad = 2016$

答え　2016 人

和算による解法──翦管術(剰一術)

この問題では, 整数の不定方程式①を解かなければならない。和算では, 1 次の不定方程式を解く方法を「翦管術」(もしくは「剰一術」)と言った。ここでは, 不定方程式を

剪管術を使って解いてみる。

剰一術の前に，剰一術の説明をする。剰一術とは，次の形の不定方程式の解き方を言う。

$$ax - by = 1 \quad (a,\ b,\ x,\ y \text{ は整数})$$

今，$45x - 56y = 1$ について考える。剰一術では，次のような表を用いる。

左段数	商	左数	右数	商	右段数
1		45	56		
			-45	1	1
5	4	-44	11		
		1			

左数が 1 となったところで，終了となる。この時の左段数が x となる。この一連の操作は，今で言うユークリッドの互除法にあたる。

$$\begin{array}{r@{\,}l@{\quad}r@{\,}l@{\quad}r@{\,}l}
& \underline{1} & & \underline{4} & & \underline{1} \\
1 &)\ 11 & &)\ 45 & &)\ 56 \\
& \underline{} & & \underline{44} & & \underline{45} \\
& 0 & & 1 & & 11
\end{array}$$

$$56 = 45 \cdot 1 + 11$$
$$45 = 11 \cdot 4 + 1$$

よって，

$$1 = 45 - 11 \cdot 4$$
$$= 45 - (56 - 45 \cdot 1) \cdot 4$$

$$= 45 \cdot 5 - 56 \cdot 4$$

$$x = 5,\ y = 4$$

翦管術では，これとほぼ同じ操作を表を使って行う。

$$x = 5$$
$$y = \frac{45 \cdot 5 - 1}{56} = 4$$

つまり，

$$45 \cdot 5 - 56 \cdot 4 = 1$$

が成立する。ここで両辺に 3 を掛けると，

$$45 \cdot 15 - 56 \cdot 12 = 3$$

となり，整数による不定方程式

$$45k - 56l = 3$$

が解けたことになる。

$$k = 15, l = 12$$

以下同様にして，

$$n = (68 + 100k) \cdot \frac{9}{7}$$
$$= (68 + 1500) \cdot \frac{9}{7}$$
$$= 2016$$

答え　2016 人

第二章 代数的問題

算額エピソード
算木による二次方程式の解き方

次に二次方程式を取り上げる。かなり複雑になるが、手順を追っていけば解けることを確かめてほしい。

$x^2 + 2x - 195 = 0$

			商
	𝍤	━	実
	∥		方
		丨	廉

廉に1, 方に2, 実に-195を入れる。

			商
	𝍤	━	実
	∥		方
丨			廉

方を左に1つ, 廉を左に2つシフトする。

		丨	商
	𝍤	━	実
	∥		方
丨			廉

商に1を立てる(ここで商の予想を立てる。廉→方→実の一連の計算を先取りして予想する。商が2だと方の数が実の数より多くなりそうなので, 1と予想される)。

		丨	商
	𝍤	━	実
	∥	丨	方
丨			廉

廉の10と商の1を掛けて上にあげ, 方の2と足し合わせる。
10×1+2=12

百一

			商
	丨		実
	Ⅱ	一	方
丨	Ⅲ		廉
丨			

方の12に商の1を掛けて上にあげ，実の−19と足し合わせる。
$12 \times 1 - 19 = -7$

			商
	丨		実
	Ⅱ	一	方
丨	Ⅲ		廉
丨			

廉の10に1を掛けて上にあげ，方の12と足し合わせて22とする。
$10 \times 1 + 12 = 22$

	丨		商
	丨		実
	Ⅱ	一	方
	Ⅱ	Ⅱ	方
		丨	廉

方を右に1つ，廉を右に2つシフトする。

商に3を立てる（廉→方→実の一連の計算を先取りする。$1 \times 3 + 22 = 25$，$25 \times 3 - 75 = 0$となると予想されるので3を立てる）。

廉の1と商の3を掛けて上にあげ，方の22と足し合わせて25とする。
$1 \times 3 + 22 = 25$

	丨	Ⅲ	商
			実
	Ⅱ	三	方
		丨	廉

方の25に商の3を掛けて上にあげ，実の−75と足し合わせる。
$25 \times 3 - 75 = 0$
実が0になったので終了。答えは13。

【第 十六 問】

天元術（八次方程式）

三十八万六千六百三十七京二千七百九十四万二千七百令九兆
八千九百九十万令八十四億令九千六百万
八形定分数問之

山形県鶴岡市　遠賀神社
元禄八年（一六九五年）

問

386,637,279,427,098,990,084,096 の 8 乗根はいくらか。

ヒント 江戸時代は算木を使って計算した。さて現代では？

解答

現代の解法

当時の数の表記法は現代と異なっていた。そこで以下では，原文の数字を現代風に解釈して解くこととする。

与えられた数字を素因数分解して，

$$38663727942709899084096 = 2^{24} \times 3^8 \times 37^8$$
$$= (2^3 \times 3 \times 37)^8$$

よって，求める数字は，

$$2^3 \times 3 \times 37 = 888$$

答え　888

和算による解法

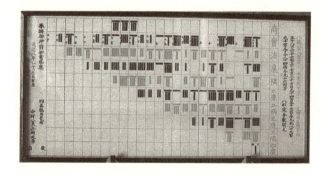

この問題は八次方程式を扱っている。一次方程式，二次方程式については先述した。基本的には同様のやり方を繰り返せばよいのだが，格段に難しくなる。ここでは概略だけ

示す。

　左の写真は，算額に掲載されている算盤と算木だ。途中の計算をすべて示すことは不可能なので，最終的な結果だけが描かれている。正確には，最後から一つ前の段階が示されている。ちなみに最後の手順は，方（左の写真の算盤では法）の数 3375344327696173760512 を 8 倍して，實（実）の数に足し合わせる。

$$3375344327696173760512 \times 8$$
$$- 27002754621569390084096$$
$$= 27002754621569390084096$$
$$- 27002754621569390084096$$
$$= 0$$

見事に 0 となって，答えは 888 となる。

　この算額は元禄 8 年（1695 年）に掲げられている。算額の初期にこのレベルに達していたことに，驚きを覚える。

算　額　エ　ピ　ソ　ー　ド

和算と将軍吉宗

　八代将軍吉宗と言えば，名君として名高い。たしかに優秀な人物だったようだ。それは，和算への取り組み方を見てもわかる。

　吉宗は，将軍に就任するやいなや改暦に着手する。暦の重要性，改暦にともなう算術の有用性に着目していたからだ。吉宗は積極的に和算家を登用し，算術を奨励する。その代表

例が建部賢弘だ。建部は和算史上に残る業績を残したが,将軍吉宗の庇護があったことを忘れてはいけない。

いったいに吉宗の時代は,和算がこれまでになく盛り上がりを見せた時期だった。天才関孝和,その弟子建部賢弘が輩出,その天賦の才を発揮する。

藩主の間でも,算術はひとつの頂点を迎えていた。磐城平(いわきたいら)藩に内藤政樹が,久留米藩には有馬頼徸(ありまよりゆき)が現れる。彼らは藩主でありながら,和算家として名を成した。吉宗の算術好きの影響と言えなくもないだろう。

吉宗が和算家を登用したのを見習ったのかどうか,内藤も積極的に人材を採用している。久留島喜内(くるしまきない),松永良弼(よしすけ)を相次いで招聘し,和算界は黄金期を迎えることになる。

もっとも,吉宗の始めた改暦の事業は,彼の在任中には実現できなかった。しかし,その暦の研究は後の時代に活かされ,宝暦・寛政・天保の改暦へ繋がっていった。

【第十七問】

零約術

今七十三ヲ平方除ハ不尽多
故分母子ニ約メ而問其数ヲ

岩手県遠野市　駒形神社
文化五年（一八〇八年）

問

73の平方根を近似分数で表せ。

ヒント　√73を分数ではさんで……。

解答

和算による解法

2回掛けて73になる数を,分数で近似せよという問題である。答えは理論上無限に存在する。

算額では,とくに制約をかけていないため,ここでは分母が125になるものをもって答えにする。もちろん,適当な分数を代入していってもよいのだが,それだとあまりにも効率が悪い。何か戦略的な方法を思いつきたいのだが……。

ここでは,関の零約術という解法を紹介する。

まず,$\sqrt{73}$ を整数で近似することを考える。

$8^2 = 64, 9^2 = 81$ なので,$64 < 73 < 81$ より $8 < \sqrt{73} < 9$

よって

$$\frac{8}{1} < \sqrt{73} < \frac{9}{1}$$

ここで,次の不等式の証明をしておく。

$$\boxed{\text{正の実数 } a, b, c, d \text{ について, } \frac{a}{b} < \frac{c}{d} \implies \frac{a}{b} < \frac{a+c}{b+d} < \frac{c}{d}}$$

[証明]

$\dfrac{a}{b} < \dfrac{a+c}{b+d}$ について

$\dfrac{a}{b} < \dfrac{c}{d}$ より

$ad < bc$

また,$\dfrac{a}{b} < \dfrac{a+c}{b+d}$ の分母を払って,

$a(b+d) < b(a+c)$

$ad < bc$

となり，$\dfrac{a}{b} < \dfrac{a+c}{b+d}$ が示された。

$\dfrac{a+c}{b+d} < \dfrac{c}{d}$ についても同様。

$\dfrac{8}{1} < \sqrt{73} < \dfrac{9}{1}$ より，$\dfrac{8}{1}$ と $\dfrac{9}{1}$ を使って，新たに分数を作っていく。

$$\dfrac{8+9}{1+1} = \dfrac{17}{2},\ \dfrac{17+9}{2+1} = \dfrac{26}{3},\ \dfrac{26+8}{3+1} = \dfrac{34}{4}$$

これらの分数を用いると，上記公式より $\dfrac{17}{2} < \sqrt{73} < \dfrac{26}{3}$ が成立する。

つまり $\sqrt{73}$ より大きい場合は，分数の分子に 8 を分母に 1 を加え，$\sqrt{73}$ より小さい場合は，分子に 9 を分母に 1 を加えていく。

あとは，2 回掛けて 73 より大きいか小さいかを判定して，次の分数を作る。以下同様にして新たに分数を作り，順に近似していく。

ちなみに，続きの分数を書き並べると，

$$\dfrac{26+8}{3+1} = \dfrac{34}{4},\ \dfrac{34+9}{4+1} = \dfrac{43}{5},\ \dfrac{43+8}{5+1} = \dfrac{51}{6},$$

$$\dfrac{51+9}{6+1} = \dfrac{60}{7},\ \dfrac{60+8}{7+1} = \dfrac{68}{8},\ \dfrac{68+9}{8+1} = \dfrac{77}{9},$$

$$\dfrac{77+8}{9+1} = \dfrac{85}{10},\ \dfrac{85+9}{10+1} = \dfrac{94}{11},\ \dfrac{94+8}{11+1} = \dfrac{102}{12},$$

$$\dfrac{102+9}{12+1} = \dfrac{111}{13},\ \dfrac{111+9}{13+1} = \dfrac{120}{14},\ \dfrac{120+8}{14+1} = \dfrac{128}{15},$$

$$\frac{128+9}{15+1}=\frac{137}{16}, \frac{137+8}{16+1}=\frac{145}{17}, \frac{145+9}{17+1}=\frac{154}{18},$$

$$\frac{154+8}{18+1}=\frac{162}{19}, \frac{162+9}{19+1}=\frac{171}{20}, \frac{171+8}{20+1}=\frac{179}{21},$$

$$\frac{179+9}{21+1}=\frac{188}{22}, \frac{188+8}{22+1}=\frac{196}{23}, \frac{196+9}{23+1}=\frac{205}{24},$$

$$\frac{205+9}{24+1}=\frac{214}{25}, \frac{214+8}{25+1}=\frac{222}{26}, \frac{222+9}{26+1}=\frac{231}{27},$$

……

以下この作業が延々百回近く続くことになる。最後の5回分を書き出すと,

$$……, \frac{1025+9}{120+1}=\frac{1034}{121}, \frac{1034+8}{121+1}=\frac{1042}{122},$$

$$\frac{1042+9}{122+1}=\frac{1051}{123}, \frac{1051+8}{123+1}=\frac{1059}{124},$$

$$\frac{1059+9}{124+1}=\frac{1068}{125}$$

答え $\dfrac{1068}{125}$

となり,ようやく答えにたどり着く。

このまま続ければ,理論上はより近い分数を発見できるはずだが,ひとまず算額の答えが出たところで終わりにしておく。

関孝和の零約術

江戸時代の人は,よくもこんな面倒な計算を延々続けたも

のだと感心する。もっとも，計算に凝るのは数学者の業のようなものなので，これは今も昔も変わらないのかもしれない。

この近似法を編み出したのは，あの関孝和である。ただし，関の方法は収束が遅く，実用には向かない。なにぶん分母が1つずつしか増えないので，分母の数だけ計算を繰り返す必要があるからだ。この問題の場合，答えにたどり着くには分母の数だけ，つまり125回計算を要することになる。

そうだとしても，学問としての意義は大きく，どんな平方根でも計算を繰り返しさえすれば，いくらでも近い分数を確実に得られることがわかる。

この関の零約術を使えば，平方根以外の無理数も分数で近似することができる。たとえば，無理数の代表選手とも言える π も近似可能だ。ただし，π の場合は平方根と違い，π 自体の値がある程度既知である必要がある。円周率の値は江戸時代でも，正多角形を使って求めることができた。今，$\pi = 3.14159265359$ として，関の零約術を用いてみる。

$3 < 3.14159265359 < 4$ より

$$\frac{3}{1} < \pi < \frac{4}{1}$$

ここから関の零約術が始まる。

$$\frac{3+4}{1+1} = \frac{7}{2}, \frac{7+3}{2+1} = \frac{10}{3}, \frac{10+3}{3+1} = \frac{13}{4},$$

$$\frac{13+3}{4+1} = \frac{16}{5}, \frac{16+3}{5+1} = \frac{19}{6}, \frac{19+3}{6+1} = \frac{22}{7},$$

$$\frac{22+3}{7+1} = \frac{25}{8}, \frac{25+4}{8+1} = \frac{29}{9}, \frac{29+3}{9+1} = \frac{32}{10}, \ldots\ldots$$

この操作を 100 回ほど繰り返すと，$\frac{355}{113}$ にたどりつく。

ちなみに，この $\frac{355}{113}$ は，今から 1500 年前，中国の祖沖之(ソチュウシ)（中国南北朝時代の数学者。円周率の計算，大明暦の作成などで知られる）が求めた円周率に等しい。$\frac{355}{113}$ は，円周率の良い近似として知られている。

算 額 エ ピ ソ ー ド

和算家と囲碁将棋

和算家の中には，囲碁将棋界でも活躍した人物がいる。囲碁では渋川春海，将棋では久留島喜内が最も著名だ。

渋川春海は，近年小説や映画で有名になった人物だ。『天地明察』の主人公である。春海は暦法の改正で名を上げたが，棋士としても優れた力量を持っていた。彼の父は，囲碁棋士として当時第一人者だった，初代安井算哲である。

春海は生まれながらに，囲碁棋士としての人生を運命付けられていたはずだった。しかし，最終的に春海は棋士としては大成しなかった。同時代に，安井算知，本因坊算悦，本因坊道悦，本因坊道策といった天才たちが輩出したことが災いした。

ただし，暦法という視点から見れば，春海が棋士を断念したのは幸いだった。結局，春海は暦学者・和算家として人生を歩むことになり，偉大な業績を残したのだった。絶妙なる天の配剤と言えるかもしれない。

一方，久留島喜内は，将棋でもその優れた才能の一端を示

している。彼が最も能力を発揮したのが、詰将棋だった。中でも得意だったのが、曲詰めと呼ばれるものだった。

　曲詰めはただの詰将棋ではなく、様々な趣向を凝らすことに特徴がある。盤上の駒が次々と消えていく「煙詰め」、最後に駒の配列が特定の文字や形を描く「あぶり出し」などが挙げられる。喜内の作品は、『将棋妙案』に残されている。左右対称の詰将棋など、トリッキーなものが多い。喜内の底知れぬ才能を感じさせる。

第三章
幾何的問題
腕試し編

ここからは再び図形の問題を扱う。

解法の珍しさよりも，形の美しさに重点を置いた。

解法は現代のものとさほど変わりはない。

問題を解きながら

日本情緒を味わっていただきたい。

【第 十八 問】

扇

今有如図扇面内容大円一個
中小円各二個扇骨従
要長七寸九分六厘
大円径五寸九分七
厘問中円径幾何

長野県／群馬県　熊野神社
安政四年（一八五七年）

問

今図のように，扇形の内部に大円が1個，中小円が各2個接している。扇形の半径が7.96寸，大円の直径が5.97寸のとき，中円の直径はいくらか。

ヒント　三角形の相似を見つけ二次方程式へ。

解答

現代の解法・和算による解法

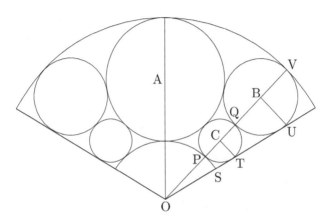

外側の扇形の半径を a，内側の扇形の半径を b，大円の半径を R，小円の半径を r，中円の半径を x とする。

$PV = 2R$ より

$$2r + 2x = 2R$$
$$r = R - x$$

$OV = OP + PQ + QV$ より

$$a = b + 2r + 2x$$

2式より

$$a = b + 2(R - x) + 2x$$
$$b = a - 2R$$

ここで $\triangle \mathrm{OCT} \backsim \triangle \mathrm{OBU}$ なので,

$OC:OB = CT:BU$

$b+r : b+2r+x = r:x$

$a-2R+R-x : a-2R+2(R-x)+x = R-x:x$

$a-R-x : a-x = R-x:x$

$(a-R-x)x = (a-x)(R-x)$

$2x^2 - 2ax + Ra = 0$

この二次方程式を解くと,

$$x = \frac{a \pm \sqrt{a^2 - 2Ra}}{2}$$

ちなみに二次方程式の計算は, 和算では解の公式ではなく天元術を用いた。

$a = 7.96$, $R = \dfrac{5.97}{2} = 2.985$ を代入して,

$$x = \frac{7.96 \pm \sqrt{7.96^2 - 2 \cdot 2.985 \cdot 7.96}}{2}$$

$$= \frac{7.96 \pm \sqrt{4 \cdot 1.99 \cdot 1.99}}{2}$$

$$= \frac{7.96 \pm 2 \cdot 1.99}{2}$$

$$= 5.97, 1.99$$

$x < R$ は明らかなので,

$x = 1.99$

$2x = 3.98$

答え　3.98寸

算額エピソード
「算聖」関孝和

ここからは，和算家について紹介していきたい。和算家たちの人物像を知ることで，和算や算額への興味もいっそう深まるだろう。

和算界で最大の巨人といえば，この人しかいない。関孝和(せきたかかず)である。

関が活躍したのは，17世紀から18世紀にかけて。いわゆる元禄文化の時代に相当する。彼の残した仕事は，多岐にわたる。中には，当時世界最先端の研究も含まれている。主な業績を挙げてみると，次のようになる。

- 傍書法の発明・行列式の発見・ベルヌーイ数の発見
- 零約術の研究・不定方程式の研究・方程式論
- 円理の研究・積分法の初歩・三角法の研究

とくに行列式の発見とベルヌーイ数の発見は，世界に先駆けていた。

その頃日本は鎖国を続けており，外国からの情報は限られていた。ましてや，数学の最先端の成果など知りようもなかった。そんな状況の中で，関は知らぬうちに世界最高レベルに達していたのである。ヨーロッパの数学界と全く独立に，数学の高みに達しえたことに，人間の頭脳の不可思議さを感じる。

関は，日本を代表する数学者でありながら，その生涯については不明な点が多い。

　まず，生まれた時と場所が分からない。寛永後期（1640年前後）であることはほぼ間違いないが，正確な出生年は判明していない。生誕地もあいまいなままだ。上州藤岡（群馬県藤岡市）説と江戸説があり，決着はついていない。

　生前，正式に出版された書物は『発微算法』1冊のみである。寡作だったわけではない。膨大な研究を残しているが，その多くは弟子たちがまとめて世に出したものだ。関本人は，名誉欲が薄かったらしい。

　亡くなったのは，宝永5年（1708年）である。歿したのは江戸だ。その墓所は，現在の東京都新宿区に残されている。

[第 十九 問]

おみくじ

今以横長紙結之
只云横一寸問五角面幾何

『算法天生法指南』会田安明
文化七年（一八一〇年）

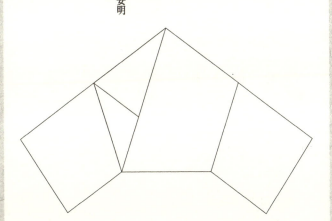

問

今，横長の紙をおみくじ状に結ぶ。紙の横幅を1寸とすると，五角形の1辺の長さはいくらか。

ヒント 補助線を引いて三角形の相似を使う。

解答

現代の解法・和算による解法

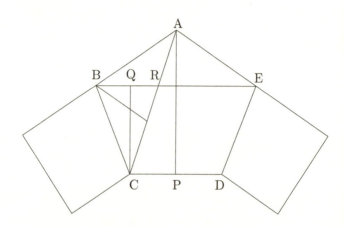

神社などで見かけるおみくじの形だ。

紙の幅を a,正五角形の一辺の長さを t とすると,図より $BC = t$, $CQ = a$ となる。また $BQ = x$ とする。

$\triangle CBQ \backsim \triangle ACP$ なので

$$CB : BQ = AC : CP$$
$$CB \cdot CP = BQ \cdot AC$$
$$CB = t,\ CP = \frac{t}{2},\ BQ = x$$

ここで,$AC = BE$ なので

$$AC = BE = BR + RE$$

対称性を考えて，$BR = 2BQ$，$CR = RE$ なので

$$AC = 2x + t$$

以上より，

$$t \cdot \frac{t}{2} = x(2x + t)$$

$$4x^2 + 2tx - t^2 = 0$$

$$x = \frac{-t \pm \sqrt{t^2 + 4t^2}}{4}$$

$$= \frac{-1 \pm \sqrt{5}}{4}t$$

$x > 0$ より

$$x = \frac{-1 + \sqrt{5}}{4}t$$

△CBQ に三平方の定理を用いて，

$$BQ^2 + QC^2 = BC^2$$

$$x^2 + a^2 = t^2$$

$$\left(\frac{-1 + \sqrt{5}}{4}t\right)^2 + a^2 = t^2$$

$$a^2 = \frac{5 + \sqrt{5}}{8}t^2$$

$$t = \sqrt{2 - \frac{2}{\sqrt{5}}} \cdot a$$

$a = 1$ を代入して

$$t = \sqrt{2 - \frac{2}{\sqrt{5}}} \cdot 1$$

$$= 1.051462224\cdots\cdots$$

<u>答え　約 1.05146222 寸</u>

算　額　エ　ピ　ソ　ー　ド

円理の追究者　建部賢弘

　関孝和に次ぐ和算界の大物といえば，建部賢弘を推す人が多いのではないだろうか。

　建部は現在でもその名を残している。建部賢弘賞である。主に若手の数学者に与えられる賞だ。関孝和賞と並ぶ日本の数学界における栄誉とされている。

　建部は関の弟子にあたる。賢弘には 2 人の兄がいた。三兄弟ともに算術ができた。とくに賢弘の才能は秀でていたという。

　前のエピソードで書いたように，師匠である関は自らの手による主著を，『発微算法』1 冊しか出版していない。それ以外の膨大な研究成果は，関の弟子たちが本の形にしてまとめていた。中でも建部兄弟が果たした役割は大きかった。彼ら兄弟がいなければ，関の偉大な業績も今のような形では残っていない可能性が高い。

　賢弘は師の業績をまとめただけではない。自らも後世に残る発見をしている。その最大のものが，円周率の二乗公式である。

　和算では，円に関連する学問を「円理」と呼んでいた。中

でも円周率 π の一般公式を求めることは，和算家たちの長年の夢であった。師の関もその夢に挑戦した一人であったが，彼の天才をもってしても一般公式にたどり着くことはできなかった。

享保7年（1722年），賢弘はついに次の公式を発見するに至った。

$$\pi^2 = 9\left(1 + \frac{1^2}{3\cdot 4} + \frac{1^2 \cdot 2^2}{3\cdot 4\cdot 5\cdot 6} + \frac{1^2 \cdot 2^2 \cdot 3^2}{3\cdot 4\cdot 5\cdot 6\cdot 7\cdot 8} + \cdots\cdots\right)$$

ちなみに，オイラーが同様の式を発見したのは，1737年のことだった。賢弘は15年早く同じ結論に到達していたことになる。

【第二十問】

折り鶴

今有如図以方紙作鶴
只云長若干問原方紙幾何

千葉県印西市　竜湖寺
文久元年（一八六一年）

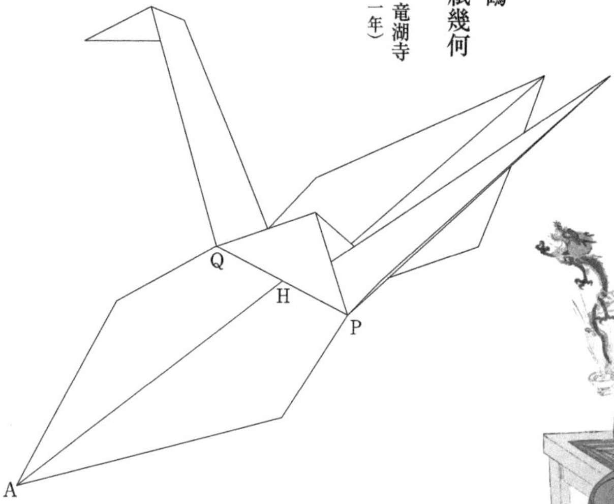

問

図のように折り鶴がある。羽根の横と縦の長さの比（PQ：AH）を求めよ。

ヒント 折り紙を開いて折り目を調べると……。

解答

現代の解法・和算による解法

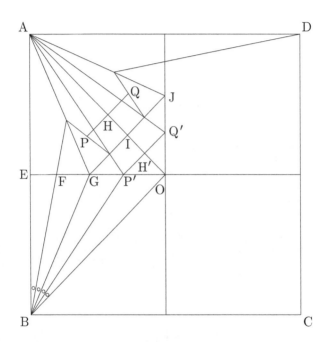

折り紙の一辺を $2a$ とおく。

折り鶴を開くと上図のような折り目がつく。左上が羽根の部分で，左下が尾部にあたる。

ここで，

$$\angle EBF = \angle FBG = \angle GBP' = \angle P'BO$$

となる。

△BOE について角の二等分線の公式より,

$$EG : GO = BE : BO = a : \sqrt{2}a = 1 : \sqrt{2}$$

よって,

$$EG = \frac{1}{1+\sqrt{2}}a = (\sqrt{2}-1)a$$
$$GO = EO - EG = a - (\sqrt{2}-1)a = (2-\sqrt{2})a$$

△BGE について, 三平方の定理より

$$BG = \sqrt{BE^2 + EG^2} = \sqrt{a^2 + (\sqrt{2}-1)^2 a^2}$$
$$= \sqrt{4 - 2\sqrt{2}}a$$

同様に, △BOG について角の二等分線の公式より,

$$GP' : P'O = BG : BO = \sqrt{4-2\sqrt{2}}a : \sqrt{2}a$$
$$= \sqrt{2-\sqrt{2}} : 1$$

よって,

$$P'O = \frac{1}{1+\sqrt{2-\sqrt{2}}}GO$$
$$= \frac{1}{1+\sqrt{2-\sqrt{2}}}(2-\sqrt{2})a$$
$$= \sqrt{2}\left(1 - \sqrt{2-\sqrt{2}}\right)a$$

ここで, △P'OQ', △GOI, △OH'P' は直角二等辺三角形なので,

$$P'Q' = \sqrt{2}P'O = 2\left(1 - \sqrt{2-\sqrt{2}}\right)a$$

$$OH' = \frac{P'O}{\sqrt{2}} = \left(1 - \sqrt{2-\sqrt{2}}\right)a$$

$$OI = \frac{GO}{\sqrt{2}} = \frac{2-\sqrt{2}}{\sqrt{2}}a = (\sqrt{2}-1)a$$

$PQ = P'Q'$ より

$$PQ = 2\left(1 - \sqrt{2-\sqrt{2}}\right)a$$

$OH = OI + OH' = OI + (OI - OH') = 2OI - OH'$
より

$$\begin{aligned}OH &= 2OI - OH' \\ &= 2(\sqrt{2}-1)a - \left(1 - \sqrt{2-\sqrt{2}}\right)a \\ &= \left(2\sqrt{2} - 3 + \sqrt{2-\sqrt{2}}\right)a\end{aligned}$$

$$\begin{aligned}AH &= AO - OH \\ &= \sqrt{2}a - \left(2\sqrt{2} - 3 + \sqrt{2-\sqrt{2}}\right)a \\ &= \left(3 - \sqrt{2} - \sqrt{2-\sqrt{2}}\right)a\end{aligned}$$

ここで,

$$\frac{AH}{PQ} = \frac{(3 - \sqrt{2} - \sqrt{2-\sqrt{2}})a}{2(1 - \sqrt{2-\sqrt{2}})a}$$

$$= \sqrt{\frac{1}{2}} + \sqrt{1 - \sqrt{\frac{1}{2}}} + \frac{1}{2}$$

$$= 1.748302881\cdots\cdots$$

答え　約 1.74830288 倍

算額エピソード

鬼才　久留島喜内(くるしまきない)

江戸時代には，優れた和算家たちが群がり出た。中でも異彩を放っているのが，久留島喜内である。

もともと数学者には，奇人変人が多いと言われるが，喜内の変わりっぷりは群を抜いている。

まずはその暮らしぶりから。お金に全く執着がなく，赤貧洗うが如しだった。収入は弟子たちの寄付に頼っていたようだ。しかも，その授業料（？）の徴収方法が変わっている。門口に米櫃を置いておき，門人が勝手に米やお金を入れるという仕組みだ。

その額も決まっていたわけではない。各人がお金のなくなった頃を見計らって，心づけのように入れていた。こうなってくると，もはや授業料と言うよりお布施か喜捨と言ったほうが正確かもしれない。

着るものにも頓着はなし。夏服を持たず，一年中冬服で通していた。加えて無類の酒好きときている。余った米やお金は，すぐに酒代に消えていく。余分に服を持っていたとしても，気が付けば売り払って酒に変わっていたという。

ただし，その数学の才能は一級品だった。和算家多しとい

えども，その才において江戸期で一，二を争うだろう。

　喜内は特定の師を持たなかったようだ。彼の算術はほとんど独学の産物だった。にもかかわらず，和算史に残る業績を残している。むしろ独学であったがゆえに，先入観にとらわれることなく，独創性を発揮できたのかもしれない。

　喜内は独自に素数の個数の研究をしている。大数学者オイラーよりも数十年早かった。彼はオイラーと独立に，オイラー関数について独自の知見を得ていた。

　また，喜内は魔方陣の研究でも独創性を発揮している。和算は魔方陣の研究で独自の発展を遂げたのであるが，喜内が果たした役割は大きかった。

　通常魔方陣は平面で作るが，喜内は立体魔方陣を完成させた。$4 \times 4 \times 4$ の立方体の縦横高さ斜め，さらには立体の対角線の和が全て 130 になる。空前の魔方陣である。

　鬼才，久留島喜内の面目躍如たるところだ。

【第二十一問】

円理（一）

今有容大円径内小円径三箇
小円径各々五寸
問大円径幾何

長野県木島平村　一川谷大元神社
文化八年（一八一一年）

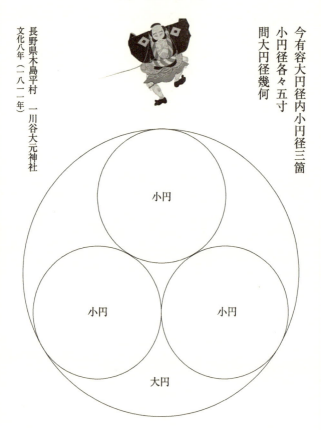

問

今，大円の中に小円が3つ接している。小円の直径は
それぞれ5寸とする。大円の直径はいくらか。

ヒント 正三角形の重心を考えて。

解答

現代の解法・和算による解法

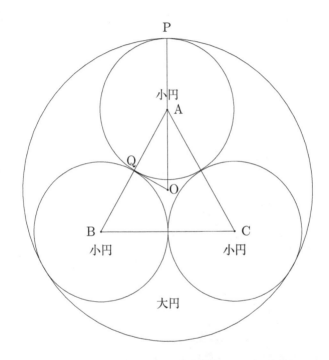

 ここからは円について扱う。円は和算において重要なテーマだった。まず、円のみを扱った図形から。

 大円の直径を D, 小円の直径を d とおき, 大円の半径を R, 小円の半径を r とおく。$d=5$, $r=\dfrac{5}{2}$ とする。

 △ABC は正三角形になる。よって，△QOA は $1:2:\sqrt{3}$

の直角三角形となる。

$AQ = r$ なので，$OA = \dfrac{2}{\sqrt{3}}r$ となる。

ゆえに，

$$OP = OA + AP$$
$$= \dfrac{2}{\sqrt{3}}r + r$$
$$R = \left(\dfrac{2}{\sqrt{3}} + 1\right)r$$

よって，

$$D = \left(\dfrac{2}{\sqrt{3}} + 1\right)d$$
$$= \dfrac{2 + \sqrt{3}}{\sqrt{3}} \cdot 5$$
$$= 10.7735\cdots\cdots$$

<u>　　答え　10.7735 寸と少し</u>

算　額　エ　ピ　ソ　ー　ド

藩主　有馬頼徸

　殿様でありながら，歴史に残る業績を残した和算家がいる。久留米藩主，有馬頼徸(ありまよりゆき)だ。筑後久留米藩の第七代藩主だった。

　16歳で家督を継いでいる。公務の傍ら，算術に勤しんだ。というより，一説によると政務よりも算術のほうに力を入れていたという。しかもただの数学好きではない。当時最高

第三章 幾何的問題 腕試し編

峰の和算をものにしていた。現代で言えば，都道府県知事が最先端の数学の論文を執筆するようなものだろうか。

彼は開明的な考えの持ち主だった。

他の芸事と同じように，和算界には江戸期特有の閉鎖的な雰囲気があったようである。和算家たちが各流派に分かれ，重要な研究結果を奥義と称して公開を慮っていた。とくに隆盛を誇っていたのが，関孝和を始祖とする「関流」だった。もっとも，孝和本人は流派とは無縁の孤高の人物だった。その後継者たちが，関を祭り上げて一大派閥としたのである。

こうした閉鎖的な風潮に対して一石を投じたのが，有馬頼徸だった。彼の残した業績の中で最大のものは，『拾璣算法』全5巻の出版だ。この著書において，頼徸は関流の奥義ともいえる「点竄術」や「円理」を詳細に解説，広く世に普及させる転機となった。この書物の登場によって，当時の和算界は大いなる恩恵を蒙ることになり，次世代の発展を促したのである。

面白いのは，頼徸は『拾璣算法』を架空の人物の名前で出していることだ。さすがに，藩主本人の名で出版することは憚られたのだろうか。

【第 二十二 問】

円 理 (二)

今有如図大円径二百八十寸
中円径百六拾八寸
問小円径幾何

長野県飯山市　鳥出神社
天保十四年（一八四三年）

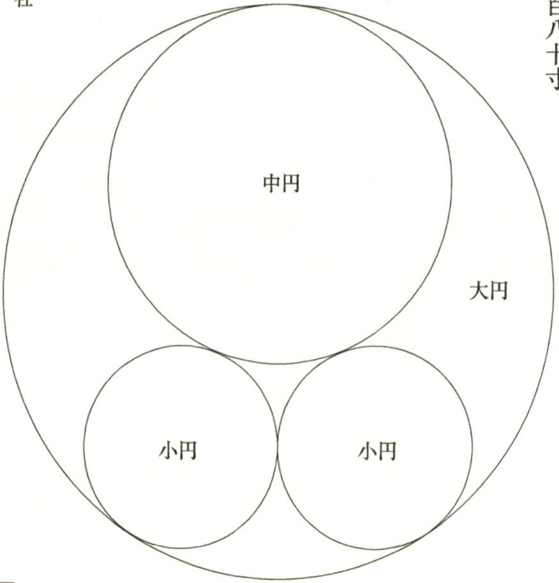

問

今，図のように大円の中に中小の円が接している。大円の直径が280寸，中円の直径168寸のとき，小円の直径はいくらか。

ヒント 形は崩れたが三平方の定理は有効。

第三章 幾何的問題 腕試し編

解答

現代の解法

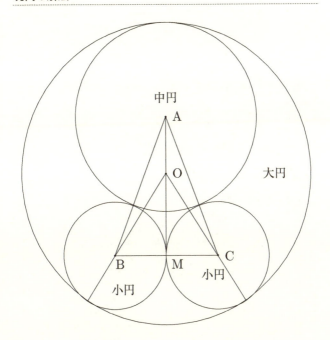

大円の半径を $R=140$,中円の半径を $r=84$,小円の半径を x とおく。

まず,$AC=r+x$,$OC=R-x$ が成立する。

ここで △AMC と △OMC は直角三角形なので,三平方の定理（鈎股弦の術）が成立する。よって,

$$AM = \sqrt{AC^2 - MC^2}$$
$$= \sqrt{(r+x)^2 - x^2}$$
$$= \sqrt{r^2 + 2rx} \cdots\cdots ①$$
$$OM = \sqrt{OC^2 - MC^2}$$
$$= \sqrt{(R-x)^2 - x^2}$$
$$= \sqrt{R^2 - 2Rx} \cdots\cdots ②$$

$AO = R - r$ なので,

$$AO = AM - OM$$
$$R - r = \sqrt{r^2 + 2rx} - \sqrt{R^2 - 2Rx}$$
$$R - r + \sqrt{R^2 - 2Rx} = \sqrt{r^2 + 2rx}$$
$$(R-r)^2 + 2(R-r)\sqrt{R^2 - 2Rx} + R^2 - 2Rx$$
$$= r^2 + 2rx$$
$$(R-r)\sqrt{R^2 - 2Rx} = (R+r)x - R(R-r)$$
$$\sqrt{R^2 - 2Rx} = \frac{R+r}{R-r}x - R$$
$$R^2 - 2Rx = \frac{(R+r)^2}{(R-r)^2}x^2 - \frac{2R(R+r)}{(R-r)}x + R^2$$
$$-2R(R-r)^2 x = (R+r)^2 x^2 - 2R(R+r)(R-r)x$$

$$(R+r)^2 x^2 - 4Rr(R-r)x = 0$$

$$\begin{aligned}
x &= \frac{4Rr(R-r)}{(R+r)^2} \quad \cdots\cdots\cdots \text{③} \\
&= \frac{4 \cdot 140 \cdot 84\,(140-84)}{(140+84)^2} \\
&= \frac{105}{2}
\end{aligned}$$

$$2x = 105$$

答え　105寸

和算による解法

和算家たちは，特有の公式を慣習的に用いていた。

和算では円の半径より直径を使うことが多かった。そのため，公式には半径ではなく直径が使われている。この問題では主に2つの公式が使われている（鈎股弦の術を除く）。

式①と式②はほぼ同じ趣旨の公式である。大円または中円の中心から垂線を下ろしたときの辺の長さを求めるものである。

大円または中円の直径を d，小円の直径を x，求める辺の長さを a として，

$$a = \frac{\sqrt{d^2 \pm 2dx}}{4} \tag{4}$$

式③は大円と中円の半径から直接小円の半径を出す公式である。大円の直径を D，中円の直径を d，小円の直径を x として，

$$x = \frac{4Dd(D-d)}{(D+d)^2} \tag{5}$$

公式 (4)，公式 (5) を使うと，速く解くことができる。まず，AM と OM は公式 (4) を用いて，次の式で直接求められる。

$$AM = \frac{\sqrt{d^2 + 2dx}}{4} = \frac{\sqrt{168^2 + 2 \cdot 168x}}{4}$$
$$= \sqrt{1764 + 21x}$$
$$OM = \frac{\sqrt{D^2 - 2Dx}}{4} = \frac{\sqrt{280^2 - 2 \cdot 280x}}{4}$$
$$= \sqrt{4900 - 35x}$$

もちろん，公式 (5) を使えば，いきなり結論を得ることができる。

$$x = \frac{4Dd(D-d)}{(D+d)^2}$$
$$= \frac{4 \cdot 280 \cdot 168(280 - 168)}{(280 + 168)^2}$$
$$= 105$$

前問でも，$x = 5$，$r = 5$ とおけば公式 (5) を使うことができる。

$$5 = \frac{4D \cdot 5(D-5)}{(D+5)^2}$$
$$D^2 + 10D + 25 = 4D^2 - 20D$$
$$3D^2 - 30D - 25 = 0$$
$$D = \frac{15 \pm \sqrt{15^2 + 3 \cdot 25}}{3}$$

$$= \frac{15 \pm 10\sqrt{3}}{3}$$

$D > 0$ なので

$$D = \frac{15 + 10\sqrt{3}}{3} = 10.7735\cdots\cdots$$

算額エピソード

反骨　会田安明

　会田安明については算額論争で触れたが，改めて述べたい。それだけの価値がある人物だからだ。

　会田は反骨精神の塊のような和算家だった。当時隆盛を誇っていた関流に対し，真っ向から論争を仕掛け，自らの流派，最上流を立ち上げた。会田の満々たる自信と気骨を感じさせるネーミングだ。

　彼が立派だったのは，ただの反発心だけで終わらなかったことだ。

　会田は和算家として一流だった。和算の研究に明け暮れ，膨大な著書を残している。その数は1300巻以上にのぼる。和算界随一と言って過言ではない。数学へ掛ける情熱は，余人に代えがたいものがある。藤田貞資に食って掛かったのは，学問への純粋な愛情がなせる業だったと言ってよいだろう。

　会田は後進を育てるのにも心を砕いた。彼の始めた最上流は，次第に日本全国に広がっていき，最終的に関流に対抗しうる勢力にまで拡大した。とくに東北地方は，最上流の牙

城としてその名を馳せた。和算王国東北成立の陰に、会田の尽力があったのは間違いない。

　東京浅草寺境内に、会田の記念碑が残っている。その名を算子塚という。会田の弟子たちが、師を偲んで建立したものだ。碑の下には、彼の愛用した算木が埋められていると言われている。門人に愛された会田の人柄が伝わってくる。

【第二十三問】

円理（三）

今大円径内容如図段々小円径ヲ
只云大円径一尺六寸
亦云甲円径九寸六分
問乙丙丁円径ヲ

奈良県大和郡山市　庚申堂
明治十三年（一八八〇年）

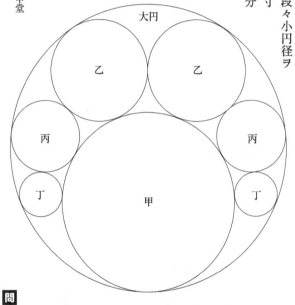

問

今，大円の中に甲乙丙丁の小円が次々に接している。大円の直径が1尺6寸，甲円の直径が9寸6分のとき，乙円丙円丁円の直径はいくらか。

ヒント これは難問。デカルトの円定理が使われる。

解答

和算による解法――デカルトの円定理

前問の公式を再出しておく。

$$a = \frac{\sqrt{d^2 \pm 2dx}}{4} \tag{4}$$

$$x = \frac{4Dd(D-d)}{(D+d)^2} \tag{5}$$

円の問題を扱うとき、和算では「デカルトの円定理」を使うことが多かった。

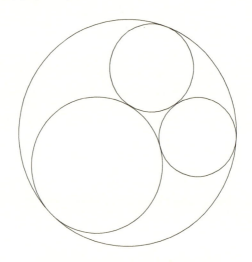

デカルトの円定理は、次のようなものである。

図のように互いに接する任意の4つの円がある。それぞれの円の半径を大きいものから順に r_1, r_2, r_3, r_4 とおく。するとこれらの半径の間には、次の関係が成り立つ。

$$\left(\frac{1}{r_2}+\frac{1}{r_3}+\frac{1}{r_4}-\frac{1}{r_1}\right)^2 = 2\left(\frac{1}{r_1^2}+\frac{1}{r_2^2}+\frac{1}{r_3^2}+\frac{1}{r_4^2}\right) \tag{6}$$

ここで,円の直径を大きいものから順に d_1, d_2, d_3, d_4 とすると,同様に次の式が成り立つ。

$$\left(\frac{1}{d_2}+\frac{1}{d_3}+\frac{1}{d_4}-\frac{1}{d_1}\right)^2 = 2\left(\frac{1}{d_1^2}+\frac{1}{d_2^2}+\frac{1}{d_3^2}+\frac{1}{d_4^2}\right) \tag{7}$$

公式 (7) を d_4 について整理すると,

$$(d_1^2 d_2^2 + d_2^2 d_3^2 + d_3^2 d_1^2 - 2d_1^2 d_2 d_3 + 2d_1 d_2^2 d_3 + 2d_1 d_2 d_3^2)d_4^2$$
$$- 2d_1 d_2 d_3(d_1 d_2 - d_2 d_3 + d_3 d_1)d_4 + d_1^2 d_2^2 d_3^2 = 0 \quad (8)$$

まず,公式 (5) を使って,乙円の直径 6 寸を出す。ここまでは,現代の解法と同じである。ここでデカルトの円定理を使う。

公式 (8) に大円,甲円,乙円の直径を代入する。大円,甲円,乙円の直径を共通因数 4 で約分したものを,$d_1 = 40$, $d_2 = 24$, $d_3 = 15$ として式に代入して整理すると,

$$d_4^2 - 25d_4 + 150 = 0$$
$$(d_4 - 15)(d_4 - 10) = 0$$
$$d_4 = 15, 10$$

$d_4 < 15$ は明らかなので,

$$d_4 = 10$$

よって，丙円の直径は $10 \times 4 = 40$

同様に，大円，甲円，丙円についてもその直径を代入する。大円，甲円，丙円の直径を共通因数 8 で約分したものを，$d_1 = 20$, $d_2 = 12$, $d_4 = 5$ とする。丁円の直径を 8 で約分したものを d_5 として式を整理すると，

$$2d_5^2 - 21d_5 + 45 = 0$$

$$(2d_5 - 15)(d_5 - 3) = 0$$

$$d_5 = \frac{15}{2}, 3$$

$d_5 < 5$ は明らかなので，

$d_5 = 3$

よって，丁円の直径は $3 \times 8 = 24$

<u>答え　乙円 6 寸，丙円 4 寸，丁円 2 寸 4 分</u>

デカルトの円定理を用いてこの操作を繰り返せば，より小さい円の直径を次々と出すことができる。

算　額　エ　ピ　ソ　ー　ド

無用の用　藤田貞資

算額を語る上で，この人に触れないわけにはいかないだろう。藤田貞資である。

算額との関わりでは，『神壁算法』の出版に尽力したことが大きい。先述のとおり，この本は一種の「算額集」である。この手の本の走りとなったもので，当時の算額の中から厳選された 48 問が採られている。『神壁算法』は好評を博したようで，続いて『続神壁算法』が出された。

第三章 幾何的問題　腕試し編

　藤田による2冊の本がきっかけとなり，その後も算額集が相次いで出版された。

　　文政2年　　『算学鉤致』　　石黒信由
　　文政10年　『社盟算譜』　　白石長忠・池田貞一
　　天保元年　　『算法奇賞』　　馬場正統
　　天保元年　　『算法雑俎』　　白石長忠・岩井重遠・市川行英
　　天保3年　　『古今算鑑』　　内田恭
　　天保8年　　『豁機算法』　　志野知郷
　　天保9年　　『掲楣算法』　　堀池久道

　これらの本は，当時算額がいかに普及していたかを物語っている。

　また藤田は，『神壁算法』に先立って，和算史に残る名著を著している。天明元年（1781年）に出した『精要算法』全3巻だ。著書の冒頭で，自らの立場を簡潔に語っている。

　　今の算数に用の用あり。無用の用あり。無用の無用あり。

　藤田が批判しているのは，「無用の無用」の数学だ。いたずらに難しい問題を追究し，その結果，役に立たない悪しき難問主義に堕してしまっていることを嘆いているのである。現代にも通用する批判だろう。

　彼の掲げるのは，「用の用」「無用の用」の数学だ。実際に役に立つ数学，あるいは一見役に立たないように見えて，時が経てば究極的には役に立つであろう数学。煩わしい難問を控え，簡潔で分かりやすい。それでいて内容の高度なもの。『精要算法』はそれを実践した書物だ。

　一流の数学者のみがなしえる芸当と言っていい。

[第 二十四 問]

楕円 (一)

京都府京都市 北野天満宮
天明六年 (一七八六年)

問

直角三角形の中に，楕円が内接している。楕円の長軸を $2a$，短軸を $2b$ とする。三角形の底辺が p，高さが q のとき，a を b と p と q で表せ。

ヒント 横方向に圧縮すると……。

第三章 幾何的問題 腕試し編

解答

和算による解法

日本の高校数学風の解き方をすれば，座標を設定して楕円の方程式を使い，接線を引くことになると思われる。それでも解けるが，和算ではもっと図形的に解く。

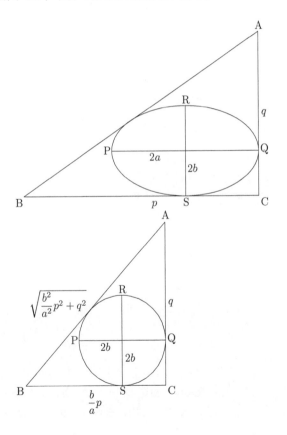

百四十九

横方向に $\dfrac{b}{a}$ 倍して，楕円を円に変える。これだけの操作で，今までの円や直角三角形のすべての公式が使えるようになる。

$BC = \dfrac{b}{a}p$, $AC = q$, $PQ = 2b$, $RS = 2b$ となる。

三平方の定理より，

$$AB = \sqrt{\dfrac{b^2}{a^2}p^2 + q^2}$$

第七問の公式 (3) より，

$$2b = BC + AC - AB$$
$$2b = \dfrac{b}{a}p + q - \sqrt{\dfrac{b^2}{a^2}p^2 + q^2}$$
$$\sqrt{\dfrac{b^2}{a^2}p^2 + q^2} = \dfrac{b}{a}p + q - 2b$$
$$\sqrt{b^2p^2 + a^2q^2} = bp + aq - 2ab$$
$$b^2p^2 + a^2q^2 = (bp + aq - 2ab)^2$$
$$2(q-b)a = p(q-2b)$$
$$a = \dfrac{p(q-2b)}{2(q-b)}$$

答え　$a = \dfrac{p(q-2b)}{2(q-b)}$

この問題では，横方向に実数倍することで楕円を円に変換した。このような操作は，和算で楕円を扱う際，よく用いられた。ただし和算では，楕円は円柱を斜めに切った切断面と

して扱った。つまり楕円を円柱の断面として捉えていたのである。現在の数学では，こうした変換はアフィン変換の一種として扱われる。ちなみにアフィン変換とは，平行移動と一次変換の合成される変換を言う。この場合は x 軸方向の圧縮を意味する。

算額エピソード
遊歴算家　山口和

江戸時代には，諸国を放浪して数学を教えて回る和算家がいた。遊歴算家という。山口和(やまぐちかず)もその一人だ。

現代の目から見ると，そもそもそういった職業が成立していたこと自体に驚きを覚える。和算が全国的に普及していたことの証左である。ただし，現代的な視点からばかり見るのは公平ではないだろう。

和算は，当時は一種の芸事と捉えられていたようだ。お茶やお花，俳諧などと同列に考えられていたのである。松尾芭蕉などをイメージすれば，近いかもしれない。

山口本人も俳句を嗜んでいた。芭蕉を尊崇し，意識するところがあったようである。

長期の遊歴は 6 回にわたり，詳細な旅日記を残している。山口の行動範囲は広く，東北から北九州までほぼ網羅している。その健脚ぶりには驚かされる。

旅日記には，数多くの算額についての記述がある。旅行先の神社仏閣を訪問し，奉納されていた算額を写し取ったのである。その数は 87 面に及ぶ。

山口は旅先で多くの数学者と交流し，講義を授けている。

情報の流通に大きな制限のあった当時,遊歴算家が果たした役割は大きかった。江戸で発達した和算の成果を,いち早く地方へと伝えることで,和算文化発展の一翼を担ったのである。

【第二十五問】

楕円 (二)

今有側円内如図外積三等而容三斜
只云長径五寸短径三寸
問三斜積幾何

岩手県大船渡市　五葉神社
文政五年（一八二二年）

（図：楕円に内接する三角形。外側の3領域「等積」、中央「三斜」）

問

楕円の中に三角形が内接している。楕円の長軸を5寸，短軸を3寸とする。三角形の外側の3つの面積が等しいとき，中央の三角形の面積はいくらか。

ヒント これも横方向に圧縮して……。

解答

和算による解法

まともにやれば、たいへんな計算が必要になる。そこで、アフィン変換を活用してやる。

楕円の長軸を $2a$、短軸を $2b$ とする。三角形の外側の面積をそれぞれ、S_1, S_2, S_3 とする。

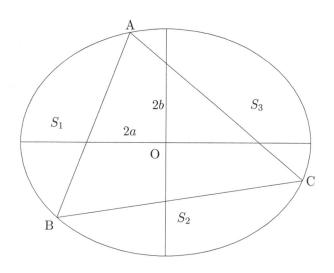

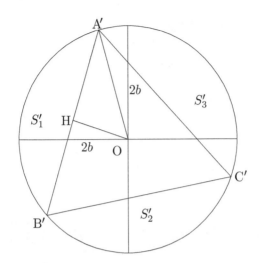

横方向に $\dfrac{b}{a}$ 倍して,楕円を円に変える。すると,$\triangle A'B'C'$ は正三角形となる。

円の半径は b なので,

$OA' = b$

$\triangle HOA'$ は $1:2:\sqrt{3}$ の直角三角形なので,

$A'B' = \sqrt{3}b$

$$\triangle A'B'C' = \dfrac{1}{2}\left(\sqrt{3}b\right)^2 \sin 60°$$
$$= \dfrac{3\sqrt{3}}{4}b^2$$

横方向に $\dfrac{a}{b}$ 倍してもとに戻す。そのとき,面積も $\dfrac{a}{b}$ 倍になる。よって,

$$\triangle ABC = \frac{3\sqrt{3}}{4}b^2 \cdot \frac{a}{b}$$

$$= \frac{3\sqrt{3}}{4}ab$$

$a = 5, b = 3$ を代入して,

$$= \frac{3\sqrt{3}}{4} \cdot 5 \cdot 3$$

$$= 19.4855\cdots\cdots$$

答え 約 19.5

算額エピソード

和算家と魔方陣

魔方陣の研究で，和算は独自の発達を遂げた。

魔方陣は，正方形のマスの縦横斜めの数の合計を等しくする，数の遊戯だ。3×3 のマス目に 1～9 の数字を入れるのが，最も分かりやすい例だろう。

8	1	6
3	5	7
4	9	2

和算家たちは，魔方陣の作り方を一般化することを試みた。算聖関孝和も，『方陣円攢之法』（天和 3 年）で魔方陣を扱っている。会津の安藤有益(ゆうえき)は，『奇偶方数』（元禄 10 年）を発表し，三方陣から三十方陣までの作り方を述べている。

また，彼らと同時代の京都の田中由真(よしざね)も独自の方陣の研究を行っている。田中は，すべての完全四方陣（48 種類）を

発見することに成功した。完全四方陣とは，縦・横・対角線以外に，対角線を平行移動させた列（汎対角線）の和も等しいという方陣だ。さらに驚くべきことに，$4 \times 4 \times 4$ の立体魔方陣（以下立体四方陣と呼ぶ）の作成にも成功している。

続く久留島喜内は，立体四方陣の改良版を発表している。田中の魔方陣は，縦・横・高さ・正方形の対角線の計 48 本の数字の和が 130 になるというものだった。喜内はさらに進んで，立方体の 4 本の対角線の和も 130 になるものを作り上げた。驚くべき直観と集中力だ。

和算家たちは，競うようにして方陣を研究したようである。独自の解法を発表することが，和算家としての技量を示すことになると考えていたと思われる。

[第二十六問]

球(一)

今有如図三角面内容等球径三個
只云三角面一十寸
問得等球径幾何

茨城県筑西市 雷神社
明治二十一年(一八八八年)

問

今,図のように正四面体の中に,等しい直径の球が3つ接している。正四面体の一辺の長さが10寸のとき,球の直径はいくらか。

ヒント 断面図を描いて三平方の定理を使う。

解答

現代の解法・和算による解法

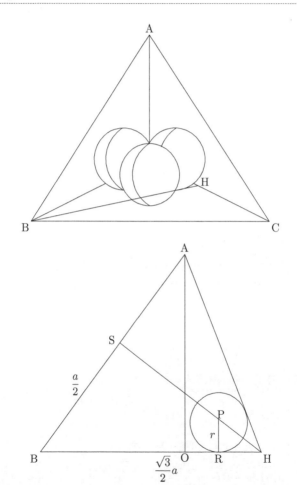

百五十九

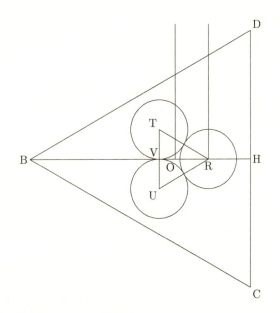

正四面体の一辺を a,球の半径を r とする。

△HSB に三平方の定理を使って,

$$HS = \sqrt{\left(\frac{\sqrt{3}}{2}a\right)^2 - \left(\frac{a}{2}\right)^2} = \frac{\sqrt{2}}{2}a$$

△HPR ∽ △HBS なので,

$$RH = \frac{\frac{\sqrt{2}}{2}a}{\frac{a}{2}}r = \sqrt{2}r$$

点 O は正三角形 BCD の重心なので,

$$OH = \frac{1}{3}BH = \frac{1}{3}\frac{\sqrt{3}}{2}a = \frac{\sqrt{3}}{6}a$$

同様に，点 O は正三角形 RTU の重心でもあるので，

$$OR = \frac{2}{3}RV = \frac{2}{3}\frac{\sqrt{3}}{2}2r = \frac{2\sqrt{3}}{3}r$$

よって，

$$OH = OR + RH$$
$$\frac{\sqrt{3}}{6}a = \frac{2\sqrt{3}}{3}r + \sqrt{2}r$$
$$r = \frac{\sqrt{6}-2}{4}a$$
$$2r = \frac{\sqrt{6}-2}{2}a$$

$a = 10$ 寸を代入して，

$$= \frac{\sqrt{6}-2}{2}\cdot 10$$
$$= 5(\sqrt{6}-2)$$
$$= 2.2474\cdots\cdots$$

<u>答え　約 2.247 寸</u>

算額エピソード
和算家と改暦

江戸時代には 4 度にわたって改暦が行われた。貞享・宝暦・寛政・天保の改暦である。その際，和算家たちが登用されることが多かった。暦の作成には高度の数学的知識が必要なため，事実上和算家以外で人材を探すのが困難だったから

である。

　貞享の改暦では渋川春海，寛政では高橋至時・間 重富，天保では高橋景保・渋川景佑らが尽力した。

　江戸期に採用されていた暦は，大ざっぱに言えば「太陰太陽暦」と呼ばれるものである。月の満ち欠けを元にしながら，太陽の動きを加味した暦だ。ただしこの暦は，実際の月の運行と暦を一致させるため，複雑な操作が必要だった。また，長期間放っておくと天体観測との誤差が大きくなるという欠点も持っていた。4度にわたって改暦された主な理由はそこにある。

　これら改暦作業を進める中で，西洋暦法が少しずつ日本に取り入れられていった。ここで一冊の西洋の天文書が重要な役割を果たすことになる。『ラランデ暦書』と呼ばれる書物だ。元々は，フランスの天文学者ジェローム・ラランドが書いた『天文学』という本であった。それがオランダ語に翻訳され，日本へと輸入された。

　高橋至時，間重富，高橋景保，渋川景佑らは，世代を跨いで『ラランデ暦書』の翻訳事業を進めた。途中，火災による焼失などに見舞われながらも20年以上をかけて，翻訳を完成させた。この本の成果は，天保の改暦に取り入れられたのだった。

【第二十七問】

球（二）

今有如図蕎麦形内容大小球各四個
乃大四球者各切三面小一球切三面
小三球者切二面及大小球周
只曰大球径二十七寸三分
問小球径幾何

群馬県太田市　冠稲荷神社
文化十一年（一八一四年）

問

今，図のように正四面体の中に，大小の球が4つずつ入っている。大球4つは正四面体の3面に接している。小球の1つは正四面体の3面と接している。小球3つは正四面体の2面と他の大小球と接している。大球の直径が27寸3分のとき，小球の直径はいくらか。

ヒント これも難問。3つの水平面で切って4分割する。

解答

現代の解法・和算による解法

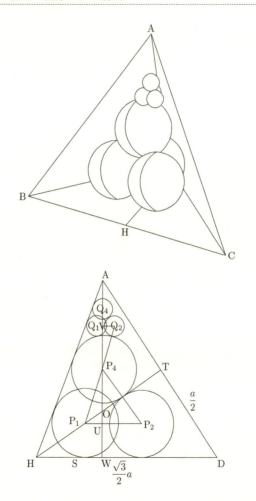

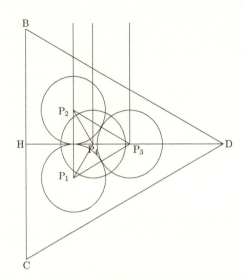

正四面体の一辺を a, 大球の半径を R, 小球の半径を r とする。

$$AH = DH = \frac{\sqrt{3}}{2}a$$

点 W は正三角形 BCD の重心なので,

$$HW = \frac{\sqrt{3}}{6}a$$

△AHW に三平方の定理を使って,

$$AW = \sqrt{\left(\frac{\sqrt{3}}{2}a\right)^2 - \left(\frac{\sqrt{3}}{6}a\right)^2}$$
$$= \sqrt{\frac{3}{4}a^2 - \frac{3}{36}a^2}$$

$$= \frac{\sqrt{6}}{3}a$$

$\triangle AHD \infty \triangle P_4P_1P_2$ で,$P_4P_2 = 2R$ なので,

$$P_4U = \frac{\sqrt{6}}{3}a\frac{2R}{a}$$

$$= \frac{2\sqrt{6}}{3}R \cdots\cdots\cdots ①$$

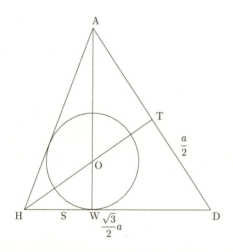

　線分 AW と線分 HT の交点を O とすると,点 O は正四面体 A–BCD の重心であり,正四面体の内接球の中心ともなる。

　$\triangle HDT$ に三平方の定理を用いて,

$$HT = \sqrt{\left(\frac{\sqrt{3}}{2}a\right)^2 - \left(\frac{a}{2}\right)^2}$$

$$= \frac{\sqrt{2}}{2}a$$

△HDT ∽ △HOW なので,

$$OW = TD\frac{HW}{HT}$$

$$= \frac{a}{2}\frac{\frac{\sqrt{3}}{6}a}{\frac{\sqrt{2}}{2}a}$$

$$= \frac{\sqrt{6}}{12}a$$

$AW = \frac{\sqrt{6}}{3}a$ より,

$$AO : OW = 3 : 1$$

内接球の半径を R' とすると,

$$AO = 3R'$$

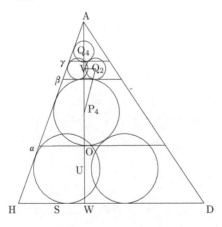

ここで正四面体 A–BCD を 3 つの水平面 α, β, γ で切り，それぞれを底面とする 3 つの正四面体を考える。3 つの正四面体を V_α, V_β, V_γ とする。

V_α より，

$$AP_4 = 3R$$

V_γ より，

$$AQ_4 = 3r$$

V_β に①を用いて，

$$Q_4V = \frac{2\sqrt{6}}{3}r$$

△VP_4Q_2 に三平方の定理を用いて，

$$VP_4 = \sqrt{(R+r)^2 - \left(\frac{2\sqrt{3}r}{3}\right)^2}$$
$$= \sqrt{R^2 + 2Rr - \frac{r^2}{3}}$$

$AP_4 = AQ_4 + Q_4V + VP_4$ なので，

$$3R = 3r + \frac{2\sqrt{6}}{3}r + \sqrt{R^2 + 2Rr - \frac{r^2}{3}}$$
$$9R - 9r - 2\sqrt{6}r = \sqrt{9R^2 + 18Rr - 3r^2}$$

両辺 2 乗して整理すると，

$$(3+\sqrt{6})r^2 - (5+\sqrt{6})Rr + 2R^2 = 0$$

$$r = \frac{5+\sqrt{6} \pm \sqrt{(5+\sqrt{6})^2 - 8(3+\sqrt{6})}}{2(3+\sqrt{6})} R$$

$$= \frac{5+\sqrt{6} \pm (1+\sqrt{6})}{2(3+\sqrt{6})} R$$

$$= R, \ \frac{2}{3+\sqrt{6}} R$$

$r < R$ は明らかなので,

$$r = \frac{2}{3+\sqrt{6}} R$$

$$= \frac{2(3-\sqrt{6})}{3} R$$

$R = 27.3$ を代入して計算すると,

$$r = 10.01 \cdots\cdots$$

<u>答え　10寸と少し</u>

算額エピソード
和算の欠点

　日本で独自の発展を遂げた和算だったが，同時に欠点を持っていたことも指摘しておく必要があるだろう。

　その多くは，日本の地理的条件や政治的要因による。まず，当時の日本が鎖国状態に置かれており，西洋の最先端の数学の情報が入ってこなかったことが挙げられる。そのため，ヨーロッパの数学界で当然とされる概念や定義が，和算の中に全く現れないことがままある。このことが，和算の（西洋流の）学問としての発展を妨げた原因になっている。

　和算の学問としての欠点を列挙してみる。
- 関数の概念がない
- 座標を使わない
- 記号の改良が不十分
- 角度を用いることが少ない

　関数，座標の概念の欠如は，今の我々からすると不思議な感じさえする。翻って，関数や座標の発明・発見がいかに数学的に重要だったかを物語っている。

　また，体系的発想が乏しかったことも弱点だった。ヨーロッパでは，ユークリッド幾何学の伝統が長く，数学を体系的に理解し整理するという習慣が根付いている。和算では，数学自体を体系的に把握する視点は，総じて弱かった。そのため数学を学問的体系として捉えず，問題を解くための道具と見なしてきたという側面がある。結果，難問主義に陥りやすいという欠点を，当初から孕んでいたと言えるかもしれ

ない。

　また，秘密主義・派閥主義的であったという指摘をされることが多い。和算は流派ごとに発展してきたという側面があるため，学問成果の公開に対して消極的だったと言える。このことが，情報の自由な流通を妨げ，和算発展の阻害要因になっていたとされる。

　和算の欠点のうちいくつかは，現在でも当てはまる。日本の学問や思想を考える上で，ひとつの歴史的資料になるであろう。

第四章
和算の到達点

最後に極めつけの問題を。
和算は面積体積計算で独自の発展を遂げた。
その結果，和算家たちは微積分を使わずに，
かなり複雑な計算もできるようになっていた。
和算のレベルの高さを示した問題だ。

【第二十八問】
ビビアーニの穿面

今有球如円双穿去等円
等円径者半球径也
球径若干間得穿去残積如何

東京都　愛宕山　天保五年（一八三四年）

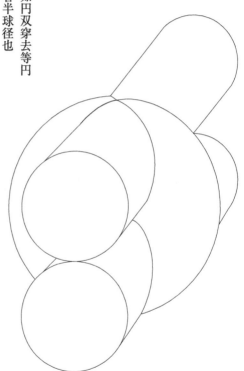

問

図のように球を2つの円柱が貫いている。球から円柱を取り除いたとき，残った球の体積はいくらか。

ヒント 現代では体積積分を使う。難問。

解答

現代の解法

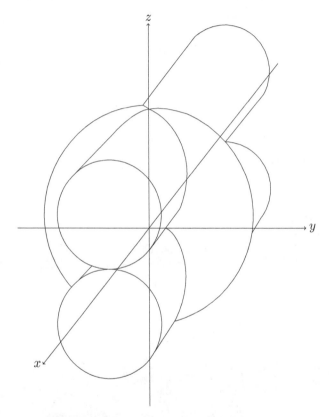

球と円柱の空間での方程式を次のようにおく。

a を球の半径，r を円柱の底面の円の半径とおく。

$$x^2 + y^2 + z^2 = a^2 \cdots\cdots\cdots ①$$

$$y^2 + \left(z - \frac{a}{2}\right)^2 = \left(\frac{a}{2}\right)^2 \cdots\cdots\cdots ②$$

次に y, z を次のように表し，くりぬく部分の体積積分を行う（ただし全体の 4 分の 1 を V_1 とする）。

$y = r\cos\theta$, $z = r\sin\theta$ として，

① より $x^2 = a^2 - r^2$, ② より $r = a\sin\theta$

$$V_1 = \iint x\,dydz$$
$$= \iint \sqrt{a^2 - y^2 - z^2}\,dydz$$
$$= \int_{-\frac{\pi}{2}}^{\frac{\pi}{2}} d\theta \int_0^{a\sin\theta} \sqrt{a^2 - r^2}\,r\,dr$$

$r = a\sin t$ で置換すると，

$$V_1 = -\int_{-\frac{\pi}{2}}^{\frac{\pi}{2}} d\theta \int_0^{t} a^3 \cos^2 t \sin t\,dt$$
$$= -\int_{-\frac{\pi}{2}}^{\frac{\pi}{2}} d\theta \left[\frac{a^3}{3} \cos^3 t\right]_0^{\theta}$$
$$= \frac{a^3}{3} \int_{-\frac{\pi}{2}}^{\frac{\pi}{2}} (1 - \cos^3 \theta)\,d\theta$$
$$= \frac{a^3}{3} \int_{-\frac{\pi}{2}}^{\frac{\pi}{2}} (1 - \cos^2 \theta \cos\theta)\,d\theta$$
$$= \frac{a^3}{3} \int_{-\frac{\pi}{2}}^{\frac{\pi}{2}} d\theta - \frac{a^3}{3} \int_{-\frac{\pi}{2}}^{\frac{\pi}{2}} (1 - \sin^2 \theta)\cos\theta\,d\theta$$
$$= \frac{\pi}{3} a^3 - \frac{a^3}{3} \left[\sin\theta - \frac{\sin^3 \theta}{3}\right]_{-\frac{\pi}{2}}^{\frac{\pi}{2}}$$

$$= \frac{\pi}{3}a^3 - \frac{4}{9}a^3$$

$$V = \frac{4\pi}{3}a^3 - 4V_1$$

$$= \frac{4\pi}{3}a^3 - 4\left(\frac{\pi}{3}a^3 - \frac{4}{9}a^3\right)$$

$$= \frac{16}{9}a^3$$

答え　$\dfrac{16}{9}a^3$

和算による解法

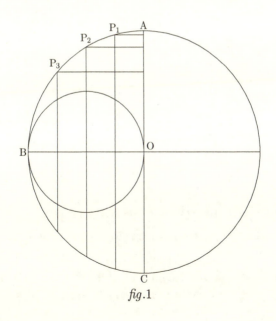

fig.1

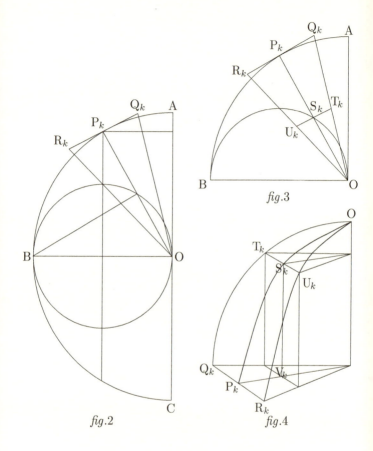

fig.2

fig.3

fig.4

　基本的には現代で言う区分求積的な手法を採る。ただし，そのやり方は相当に手が込んでいる。ここでは，概略だけを説明する。

　まず，下準備として *fig*.5（半円欠櫛形という）の体積を出しておく。ここで *fig*.5 は，球の一部ではなく，円柱の一

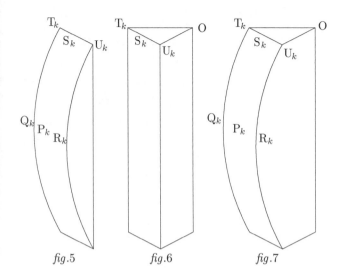

fig.5　　　　*fig*.6　　　　*fig*.7

部であることに注意しておく。

　fig.7 は，円柱の中心軸に対して垂直方向に円柱の一部（櫛形という）を切り出し，さらにその両端を切り落としたものである。和田寧及びその弟子たちは，これら立体の体積を区分求積的に詳細に導き出している。和田寧は「円理の完成者」と呼ばれる幕末の和算家である。面積・体積・道のりの計算に優れた才能を示した。ここでは結果だけを示すことにする。

　櫛形の体積を V'，半円欠櫛形の体積を V'' として，

$$V' = \frac{(2r)^2 Q_k R_k}{6}$$

$$V'' = \frac{2r(2S_k V_k) Q_k R_k}{4} - \frac{(2S_k V_k)^3 Q_k R_k}{12(2r)}$$

次に，球を分割していく。$fig.1$ のように，直径 AC に対して平行に球を等間隔に分割し，球面上の点を P_1, P_2, $P_3 \cdots$ ととる。

k 番目の点 P_k について，$fig.3$, $fig.4$ のように半円缺櫛形を切り出す。V'' を使って，半円缺櫛形の体積を出し，$fig.6$ の三角柱の体積を引くと，$fig.5$ の形の体積 V_k が出せる。さらに V_k を Σ 計算で寄せ集めて，最後に極限を取れば，求める体積が得られる。

現代の数学からすれば，極限の収束性など難点があるが，今から百数十年前のことを考慮すれば，驚嘆すべき求め方と言える。

算　額　エ　ピ　ソ　ー　ド

明治後の和算

明治期を迎え，新政府は数学を洋式にすることを決断した。それにともない，和算は衰退の道を辿ることになる。

その徴候はすでに江戸時代から見られた。安政 2 年（1855 年），江戸幕府は海軍伝習所を設けたが，そのカリキュラムの中に西洋数学が盛り込まれている。西洋航海術を学ぶには，西洋数学が必要だったためである。時代の流れは，決定的に和算から洋算へと流れ始めていたのである。

明治 5 年（1872 年），明治政府は学制を公布，日本の近代教育の幕が開ける。「和算廃止，洋算専用」が制度として確定し，和算界は大打撃を受けることになった。

ただし，和算が全くなくなってしまったわけではなかったようだ。まず，学校の中に珠算として残された。また当時洋

算の専門家が少なく，西洋数学の導入にも和算家の力が必要だった。西洋数学を受け入れるにも，和算が存在していたことがその受容を容易にしたのである。

一方そうした困難な状況においても，細々と和算の道を究めようとしていた人物がいたことも覚えておくべきだろう。群馬の萩原禎助(はぎわらていすけ)もその一人である。円理の分野において，優れた業績を残している。実際，この時代であっても，ある種の図形問題や面積体積の計算などは，洋算よりも和算のほうが扱い慣れていたのは確かである。

江戸期に独自の光を放った和算は，明治時代の到来とともにその役割を終えた。ただし，その歴史はこれからも語り継がれるべきだろう。かつて日本が育んできた和算・算額文化を振り返ることで，江戸期の日本人の考え方や思考法を知ることができる。なにより，西洋とは独立に数の道を究めようとした，彼らの精神性に触れることができるように思う。

そして，そのような祖先を持ったことに，深い喜びを覚えるのである。

おわりに

 この本の企画を提案した当初から、ぼんやりと意図していたことがあった。
「江戸と現代とを繋げられないだろうか」
 いつの頃からか、江戸にそしてその時代に生きていた人たちに親近感を抱くようになった。彼らの考え方・生き方の中に、現代では薄れつつある何か大切なものを嗅ぎ取ったのかもしれない。
「算額」は格好の素材だった。モノは、数学の問題である。"直接"繋ぐのにこれほどぴったりの材料はそう多くないだろう。妙なフィルターやバイアスがかかることなく、ストレートに江戸と向き合うことができる。江戸の人たちとほぼ同じ条件で、一対一の知恵比べができる。そこから立ち上る微かな香気を感じることができる。
 書き終えてみると、いろいろと書き足りないことが見えてくる。取り上げたい問題がまだまだたくさんある。紹介したい解法も少なからずある。特に「反転法」については、入れるかどうか迷った。第二十三問の円の問題である。
 この種類の問題は、現代で言うところの反転法を使うと、かなり容易に解くことができる。和算家たちも、反転法に気づいていた節がある。ただし、証明法に曖昧な点があり、今回は見送ることにした。別の機会に取り上げたいと思う。
 調べ物をしていく中で、先人たちが残してくれた数々の業績に触れることとなった。江戸時代の和算家たちもさることながら、明治以降の和算研究者たちの仕事ぶりに目を見張った。当然のことながら、この本は彼らの研究成果に大きく依

おわりに

拠している。

　和算自体は明治期を迎えその歴史を終えた。しかし，和算家の精神は研究者たちによって引き継がれてきた。そして今も引き継がれつつある。

　二十一世紀を迎え，日本は今後ますます国際化を遂げていくだろう。「国際化＝国際人になること」ではなかろう。外と付き合えば付き合うほど，自国を意識するようになる。人間とはそういうものだ。

　そんな時，江戸の和算家たちと対話をしてみてはどうだろう。彼らが考えていたこと，彼らの行動，彼らの生き方，彼らの精神。なにか深いところから勇気づけられるような気がするのである。

　この本を執筆するにあたり，多くの人たちの力添えを得ました。講談社の篠木さん，アップルシード・エージェンシーの鬼塚さん及びそのスタッフの方々。快く写真の協力をしてくださった小寺裕さん，和算についての知識を教えてくださった全国の和算研究者の方々。陰に陽に支えてくださった伊藤さん。ここに深くお礼の言葉を述べさせていただきます。まだまだ勉強不足の感は否めません。今後も精進を続けていく所存です。

　この本をきっかけに，江戸や日本に関心を持つ方が増えてくれることを祈って。

平成二十六年十二月吉日

　　　　　　　　　　　　　　　　　　　　山根誠司

参考文献

『聖なる数学：算額』深川英俊，トニー・ロスマン，森北出版（2010年）

『例題で知る日本の数学と算額』深川英俊，森北出版（1998年）

『和算の歴史』平山諦，ちくま学芸文庫（2007年）

『日本の数学』小倉金之助，岩波新書（1940年）

『文化史上より見たる日本の数学』三上義夫，岩波文庫（1999年）

『高校数学で挑戦する和算難題』佐藤健一，東洋書店（2010年）

『塵劫記』吉田光由，大矢真一校注，岩波文庫（1977年）

『神壁算法』藤田貞資（1789年）

『算法求積通考』長谷川弘（1844年）

『日本の幾何―何題解けますか？』深川英俊，ダン・ペドー，森北出版（1991年）

『日本の数学―何題解けますか？［上］［下］』深川英俊，ダン・ソコロフスキー，森北出版（1994年）

『だから楽しい江戸の算額』小寺裕，研成社（2007年）

『改訂増補長野県の算額』中村信弥改訂，教育書館（2004年）

『現存岩手の算額』山村善夫（1977年）

『和算の図形公式』中村信弥（2003年）

写真提供

「和算の館」小寺裕氏より下記ページ掲載の写真を提供していただきました。

p.4, 14, 22, 31, 65, 80, 104, 116, 137, 169

N.D.C.410　184p　18cm

ブルーバックス　B-1897

算法勝負！「江戸の数学」に挑戦
どこまで解ける？「算額」28題

2015年1月20日　第1刷発行
2024年8月5日　第4刷発行

著者	山根誠司
発行者	森田浩章
発行所	株式会社講談社
	〒112-8001 東京都文京区音羽2-12-21
電話	出版　03-5395-3524
	販売　03-5395-4415
	業務　03-5395-3615
印刷所	(本文表紙印刷) 株式会社KPSプロダクツ
	(カバー印刷) 信毎書籍印刷株式会社
製本所	株式会社KPSプロダクツ

定価はカバーに表示してあります。
©山根誠司 2015, Printed in Japan
落丁本・乱丁本は購入書店名を明記のうえ、小社業務宛にお送りください。
送料小社負担にてお取替えします。なお、この本についてのお問い合わせ
は、ブルーバックス宛にお願いいたします。
本書のコピー、スキャン、デジタル化等の無断複製は著作権法上での例外
を除き禁じられています。本書を代行業者等の第三者に依頼してスキャン
やデジタル化することはたとえ個人や家庭内の利用でも著作権法違反です。
Ⓡ〈日本複製権センター委託出版物〉複写を希望される場合は、日本複製
権センター（電話03-6809-1281）にご連絡ください。

ISBN978-4-06-257897-4

発刊のことば

科学をあなたのポケットに

二十世紀最大の特色は、それが科学時代であるということです。科学は日に日に進歩を続け、止まるところを知りません。ひと昔前の夢物語もどんどん現実化しており、今やわれわれの生活のすべてが、科学によってゆり動かされているといっても過言ではないでしょう。

そのような背景を考えれば、学者や学生はもちろん、産業人も、セールスマンも、ジャーナリストも、家庭の主婦も、みんなが科学を知らなければ、時代の流れに逆らうことになるでしょう。

ブルーバックス発刊の意義と必然性はそこにあります。このシリーズは、読む人に科学的に物を考える習慣と、科学的に物を見る目を養っていただくことを最大の目標にしています。そのためには、単に原理や法則の解説に終始するのではなくて、政治や経済など、社会科学や人文科学にも関連させて、広い視野から問題を追究していきます。科学はむずかしいという先入観を改める表現と構成、それも類書にないブルーバックスの特色であると信じます。

一九六三年九月

野間省一

ブルーバックス　数学関係書（I）

1407	入試数学 伝説の良問100	安田亨
1386	素数入門	芹沢正三
1383	高校数学でわかるマクスウェル方程式	竹内淳
1366	数学版 これを英語で言えますか？ E・ネルソン"監修	保江邦夫
1353	算数パズル「出しっこ問題」傑作選	仲田紀夫
1352	確率・統計であばくギャンブルのからくり	谷岡一郎
1332	マンガ おはなし数学史 仲田紀夫"原作 佐々木ケン"漫画	竹内外史
1312	集合とはなにか 新装版	竹内外史
1243	マンガ 高校数学とっておき勉強法 吉田剛"絵	佐藤修一
1201	自然にひそむ数学	佐藤修一
1037	道具としての微分方程式	斎藤恭一
1013	違いを見ぬく統計学 藤越康祝"絵	豊田秀樹
1003	マンガ 微積分入門 岡部恒治 柳井晴夫 前田忠彦	
926	原因をさぐる統計学	豊田秀樹
862	対数 e の不思議	堀場芳数
833	虚数 i の不思議	堀場芳数
722	解ければ天才！ 算数100の難問・奇問	中村義作
325	現代数学小事典	寺阪英孝"編
177	ゼロから無限へ C・レイ 芹沢正三"訳	
120	統計でウソをつく法 ダレル・ハフ 高木秀玄"訳	
116	推計学のすすめ	佐藤信
1419	パズルでひらめく 補助線の幾何学	中村義作
1429	数学21世紀の7大難問	中村亨
1433	大人のための算数練習帳	佐藤恒雄
1453	大人のための算数練習帳 図形問題編	佐藤恒雄
1479	なるほど高校数学 三角関数の物語	原岡喜重
1490	暗号の数理 改訂新版	一松信
1493	計算力を強くする	鍵本聡
1536	計算力を強くするpart2	鍵本聡
1547	広中杯 ハイレベル 算数オリンピック委員会"監修 青木亮二"解説	
1557	中学数学に挑戦 田栗正章／藤越康祝 柳井晴夫／C・R・ラオ	
1595	やさしい統計入門	
1598	数論入門	芹沢正三
1606	なるほど高校数学 ベクトルの物語	原岡喜重
1619	関数とはなんだろう	山根英司
1620	離散数学「数え上げ理論」	野﨑昭弘
1629	高校数学を強くするボルツマンの原理	竹内淳
1657	計算力を強くする 完全ドリル	鍵本聡
1677	高校数学でわかるフーリエ変換	竹内淳
1678	新体系 高校数学の教科書（上）	芳沢光雄
1684	新体系 高校数学の教科書（下）	芳沢光雄
	ガロアの群論	中村亨

ブルーバックス　数学関係書(II)

1828	高校数学でわかる線形代数	竹内 淳
1823	ウソを見破る統計学	神永正博
1822	物理数学の直観的方法（普及版）	長沼伸一郎
1819	マンガで読む 計算力を強くする	がそんみほ"マンガ" 銀杏社"構成
1818	大学入試問題で語る数論の世界	清水健一
1810	高校数学でわかる統計学	竹内 淳
1808	新体系 中学数学の教科書（上）	芳沢光雄
1795	新体系 中学数学の教科書（下）	芳沢光雄
1788	連分数のふしぎ	木村俊一
1786	はじめてのゲーム理論	川越敏司
1784	確率・統計でわかる「金融リスク」のからくり	吉本佳生
1782	「超」入門 微分積分	神永正博
1770	複素数とはなにか	示野信一
1765	シャノンの情報理論入門	高岡詠子
1764	算数オリンピックに挑戦 '08～'12年度版	算数オリンピック委員会"編"
1757	不完全性定理とはなにか	竹内 薫
1743	オイラーの公式がわかる	原岡喜重
1740	世界は2乗でできている	小島寛之
1738	マンガ 線形代数入門	鍵本 聡"原作" 北垣絵美"漫画"
1724	三角形の七不思議	細矢治夫
1704	リーマン予想とはなにか	中村 亨
1967	世の中の真実がわかる「確率」入門	小林道正
1961	曲線の秘密	松下泰雄
1942	数学ロングトレイル「大学への数学」に挑戦 関数編	山下光雄
1941	数学ロングトレイル「大学への数学」に挑戦 ベクトル編	山下光雄
1933	P≠NP問題	野﨑昭弘
1927	数学ロングトレイル「大学への数学」に挑戦	小島寛之
1921	素数が奏でる物語	西来路文朗／清水健一
1917	数学ロングトレイル「大学への数学」に挑戦	芳沢光雄
1907	群論入門	芳沢光雄
1906	チューリングの計算理論入門	高岡詠子
1897	難関大入試 算数速攻術	中川"りつこ"画
1893	超絶難問論理パズル	小野田博一
1890	非ユークリッド幾何の世界 新装版	寺阪英孝
1888	ようこそ「多変量解析」クラブへ	神永正博
1880	直感を裏切る数学	神永正博
1851	逆問題の考え方	上村 豊
1841	算法勝負！「江戸の数学」に挑戦	山根誠司
1833	ロジックの世界	ダン・クライアン／シャロン・シュアティル／ビル・メイブリン絵 田中一之"訳"

ブルーバックス　数学関係書（III）

1968	脳・心・人工知能	甘利俊一
1969	四色問題	一松 信
1984	経済数学の直観的方法 マクロ経済学編	長沼伸一郎
1985	経済数学の直観的方法 確率・統計編	長沼伸一郎
1998	結果から原因を推理する「超」入門ベイズ統計	石村貞夫
2001	人工知能はいかにして強くなるのか？	小野田博一
2003	素数はめぐる	西来路文朗／清水健一
2023	曲がった空間の幾何学	宮岡礼子
2033	ひらめきを生む「算数」思考術	安藤久雄
2036	現代暗号入門	神永正博
2043	美しすぎる「数」の世界	清水健一
2046	理系のための微分・積分復習帳	竹内 淳
2059	方程式のガロア群	金 重明
2065	離散数学「ものを分ける理論」	徳田雄洋
2069	学問の発見	広中平祐
2079	今日から使える微分方程式 普及版	飽本一裕
2081	はじめての解析学	原岡喜重
2085	今日から使える物理数学 普及版	岸野正剛
2092	今日から使える統計解析 普及版	大村 平
2093	いやでも数学が面白くなる	志村史夫
2095	今日から使えるフーリエ変換 普及版	三谷政昭
2098	高校数学でわかる複素関数	竹内 淳
2104	トポロジー入門	都築卓司
2107	数学にとって証明とはなにか	瀬山士郎
2110	高次元空間を見る方法	小笠英志
2114	数の概念	高木貞治
2118	道具としての微分方程式 偏微分編	斎藤恭一
2121	離散数学入門	芳沢光雄
2126	数の世界	松岡 学
2137	有限の中の無限	西来路文朗／清水健一
2141	今日から使える微積分 普及版	大村 平
2147	円周率πの世界	柳谷 晃
2153	多角形と多面体	日比孝之
2160	多様体とは何か	小笠英志
2161	なっとくする数学記号	黒木哲徳
2167	三体問題	浅田秀樹
2168	大学入試数学 不朽の名問100	鈴木貫太郎
2171	四角形の七不思議	細矢治夫
2178	数式図鑑	横山明日希
2179	数学とはどんな学問か？	津田一郎
2182	マンガ 一晩でわかる中学数学	端野洋子
2188	世界は「e」でできている	金 重明

ブルーバックス　数学関係書 (IV)

統計学が見つけた野球の真理

鳥越規央

ブルーバックス　物理学関係書 (I)

番号	タイトル	著者
79	相対性理論の世界	J・A・コールマン／中村誠太郎"訳
563	電磁波とはなにか	後藤尚久
584	10歳からの相対性理論	都筑卓司
733	紙ヒコーキで知る飛行の原理	小林昭夫
911	電気とはなにか	室岡義広
1012	量子力学が語る世界像	和田純夫
1084	図解 わかる電子回路	見城尚志／高橋尚久
1128	原子爆弾	山田克哉
1174	音のなんでも小事典	日本音響学会"編
1205	消えた反物質	小林誠
1251	クォーク 第2版	南部陽一郎
1259	心は量子で語れるか	ロジャー・ペンローズ／N・カートライト／S・ホーキング／中村和幸"訳
1310	「場」とはなんだろう	竹内薫
1380	光と電気のからくり	山田克哉
1383	四次元の世界（新装版）	都筑卓司
1384	高校数学でわかるマクスウェル方程式	竹内淳
1385	マクスウェルの悪魔（新装版）	都筑卓司
1390	不確定性原理（新装版）	都筑卓司
1391	熱とはなんだろう	竹内薫
	ミトコンドリア・ミステリー	林純一
1394	ニュートリノ天体物理学入門	小柴昌俊
1415	量子力学のからくり	山田克哉
1444	超ひも理論とはなにか	竹内薫
1452	流れのふしぎ	石綿良三／根本光正"著　日本機械学会"編
1469	量子コンピュータ	竹内繁樹
1470	高校数学でわかるシュレディンガー方程式	竹内淳
1483	新しい物性物理	伊達宗行
1487	ホーキング 虚時間の宇宙	竹内薫
1509	新しい高校物理の教科書	山本明利／左巻健男"編著
1569	電磁気学のABC（新装版）	福島肇
1583	熱力学で理解する化学反応のしくみ	平山令明
1591	発展コラム式 中学理科の教科書 第1分野（物理・化学）	滝川洋二"編
1605	マンガ 物理に強くなる	関口知彦"原作／鈴木みそ"漫画／竹内淳
1620	高校数学でわかるボルツマンの原理	竹内淳
1638	プリンキピアを読む	和田純夫
1642	新・物理学事典	大槻義彦／大場一郎"編
1648	量子テレポーテーション	古澤明
1657	高校数学でわかるフーリエ変換	竹内淳
1675	量子重力理論とはなにか	竹内薫
1697	インフレーション宇宙論	佐藤勝彦

ブルーバックス　物理学関係書（Ⅱ）

- 1701 光と色彩の科学　齋藤勝裕
- 1705 量子もつれとは何か　古澤明
- 1712 「余剰次元」と逆二乗則の破れ　村田次郎
- 1715 傑作！　物理パズル50　ポール・G・ヒューイット／松森靖夫＝編訳
- 1716 ゼロからわかるブラックホール　大須賀健
- 1720 宇宙は本当にひとつなのか　村山斉
- 1728 物理数学の直観的方法〈普及版〉　長沼伸一郎
- 1731 現代素粒子物語　高エネルギー加速器研究機構（KEK）＝協力　中嶋彰
- 1738 オリンピックに勝つ物理学　望月修
- 1776 宇宙になぜ我々が存在するのか　村山斉
- 1780 高校数学でわかる相対性理論　竹内淳
- 1799 大人のための高校物理復習帳　桑子研
- 1803 大栗先生の超弦理論入門　大栗博司
- 1815 真空のからくり　山田克哉
- 1827 発展コラム式　中学理科の教科書　改訂版　物理・化学編　滝川洋二＝編
- 1836 高校数学でわかる流体力学　竹内淳
- 1867 アンテナの仕組み　小暮裕明／小暮芳江
- 1871 エントロピーをめぐる冒険　鈴木炎
- 1894 あっと驚く科学の数字　数から科学を読む研究会
- 1905 マンガ　おはなし物理学史　小山慶太＝原作／佐々木ケン＝漫画
- 1912 （空欄）

- 1924 謎解き・津波と波浪の物理　保坂直紀
- 1930 光と重力　ニュートンとアインシュタインが考えたこと　小山慶太
- 1932 天野先生の「青色LEDの世界」　天野浩／福田大展
- 1937 輪廻する宇宙　横山順一
- 1940 超対称性理論とは何か　小林富雄
- 1960 すごいぞ！　身のまわりの表面科学　日本表面科学会
- 1961 曲線の秘密　松下泰雄
- 1970 高校数学でわかる光とレンズ　竹内淳
- 1981 宇宙は「もつれ」でできている　ルイーザ・ギルダー／山田克哉＝監訳／窪田恭子＝訳
- 1982 光と電磁気　ファラデーとマクスウェルが考えたこと　小山慶太
- 1983 重力波とはなにか　安東正樹
- 1986 ひとりで学べる電磁気学　中山正敏
- 2019 時空のからくり　山田克哉
- 2027 重力波で見える宇宙のはじまり　ピエール・ビネトリュイ／安東正樹＝監訳／岡田好恵＝訳
- 2031 時間とはなんだろう　松浦壮
- 2032 佐藤文隆先生の量子論　佐藤文隆
- 2040 ペンローズのねじれた四次元　増補新版　竹内薫
- 2048 $E=mc^2$のからくり　山田克哉
- 2056 新しい1キログラムの測り方　臼田孝